轻松吃对
第一口辅食

李宁 编著

北京协和医院营养专家
全国妇联项目专家组成员

U0342935

中国轻工业出版社

图书在版编目（CIP）数据

轻松吃对第一口辅食 / 李宁编著 . 一北京：中国轻工业
出版社，2019.8

ISBN 978-7-5184-2472-6

Ⅰ . ①轻…　Ⅱ . ①李…　Ⅲ . ①婴幼儿—食谱　Ⅳ .
① TS972.162

中国版本图书馆 CIP 数据核字（2019）第 083601 号

责任编辑：侯满茹　　　　　责任终审：劳国强　整体设计：悦然文化
策划编辑：翟　燕　付　佳　王芙洁　责任校对：李　靖　责任监印：张京华

出版发行：中国轻工业出版社（北京东长安街6号，邮编：100740）
印　　刷：北京博海升彩色印刷有限公司
经　　销：各地新华书店
版　　次：2019 年 8 月第 1 版第 1 次印刷
开　　本：720×1000　1/16　印张：13
字　　数：250 千字
书　　号：ISBN 978-7-5184-2472-6　定价：49.80 元
邮购电话：010-65241695
发行电话：010-85119835　传真：85113293
网　　址：http://www.chlip.com.cn
Email：club@chlip.com.cn
如发现图书残缺请与我社邮购联系调换
170170S3X101ZBW

前言

　　0~3岁是宝宝身体、智商与情商发育的关键时期，给宝宝提供科学健康、营养充足的饮食，对宝宝大脑、智力的发育，及宝宝协调性、独立性的养成，都有至关重要的作用。

　　而且，这个阶段宝宝的各系统发育还不完善，经常受到各种常见病症的困扰，如发热、咳嗽、腹泻、便秘等，让爸爸妈妈常常手足无措。其实，平时注意宝宝的饮食调理，就可能将这些病症扼杀在萌芽之中，还能为宝宝以后的身体打下良好的基础。

　　本书主要针对0~3岁宝宝，遵循科学、贴近生活的原则，介绍逐月添加辅食攻略，妈妈们遇到常见问题的应对方法以及一周辅食参考，并配色彩丰富的插图。父母是宝宝最好的营养师，让宝宝远离疾病，健康成长。

目录

第1章
辅食添加，
网络热搜问题全解答

第2章 7月龄辅食添加，从富含铁的泥糊状食物开始

第3章 8月龄可以加入蛋黄，尝试末状食物

9 月龄来点面条，
小颗粒食物提升咀嚼能力

第4章

第5章 10月龄自己用勺子吃，慢慢向大颗粒过渡

第6章 11月龄颗粒大点也不怕，宝宝饭量增大啦

第7章 12月龄适当增加食物硬度，可以尝试断夜奶

第8章 13~18 月龄变化饮食结构,向成人饮食过渡

第9章 19~24 月龄食材更丰富,可以加点零食和点心

第10章 25~36 月龄变成小大人儿, 可以全家吃饭了

第11章 特效功能食谱, 让宝宝少生病、身体壮

一看就懂

宝宝行为能力：舌嚼碎和牙龈咀嚼；喜欢抓握
辅食添加计划：富含铁的泥糊
辅食推荐餐单：含铁婴儿米粉，米糊，豆腐泥，猪瘦肉泥，鱼泥，蔬菜糊（羹／泥），水果糊（羹／泥）

宝宝辅食添加进程

▶ 7月龄
（满 180 天）

因为 7~24 月龄宝宝的消化器官的发育、感知觉以及认知行为能力的发展，是需要通过接触、感受来逐步体验和适应多样化食物，完成从被动接受喂养到自主进食。所以，给宝宝的辅食添加需要有一个"推进的过程"。

13~24 月龄

宝宝行为能力：13 月龄会尝试抓握小勺自己进食，但大多洒落；18 月龄可以用小勺自己进食，有较多洒落；24 月龄能用小勺自己进食，较少洒落。
辅食添加计划：适当加盐、糖，饮食仍要淡口味
辅食推荐餐单：米饭，馅类主食，牛奶及奶制品

宝宝行为能力：舌嚼碎和牙龈咀嚼；喜欢用手抓取

辅食添加计划：碎末状，开始添加蛋黄

辅食推荐餐单：蛋黄，烂面条，肉（猪瘦肉／鸡肉／鱼肉）丸子，蔬菜泥丸，蔬菜汤

宝宝行为能力：主要用牙龈咀嚼；喜欢用手抓取

辅食添加计划：小颗粒状，锻炼咀嚼能力

辅食推荐餐单：粥，软蒸糕，鸡肉丝，小颗粒蔬菜，小颗粒水果

8 月龄

9 月龄

10 月龄

宝宝行为能力：细嚼；能捡起较小物体

辅食添加计划：扩大食物种类，增加食物厚度和粗糙度，比较软的手抓食物

辅食推荐餐单：软米饭，软面，小馄饨，蔬菜饼

12 月龄

11 月龄

宝宝行为能力：用牙齿咀嚼；手眼协调熟练

辅食添加计划：较硬的块状食物，可加致敏性较高的食物如芒果、菠萝、全蛋等

辅食推荐餐单：五谷豆浆，小饭团，三明治，鸡腿，小排骨，鱼肉块（无刺），蔬果沙拉

宝宝行为能力：主要用牙齿咀嚼；锻炼小手精细动作

辅食添加计划：大颗粒状，锻炼咀嚼能力

辅食推荐餐单：馄饨，饺子，虾仁，猪肉末，肉丸子，大颗粒蔬菜，大颗粒水果

宝宝各阶段辅食软硬度

随着宝宝成长和咀嚼能力的增强，食物形状要有所变化来适应宝宝口腔变化的需要。但是，因为宝宝咀嚼能力发展的快慢各有不同，家长还要根据宝宝的情况来制作软硬度合适的辅食。

辅食随月龄变化软硬度

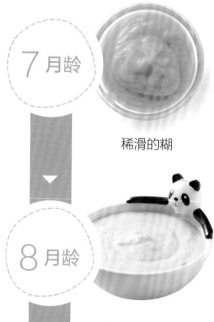

7 月龄

稀滑的糊

8 月龄

稠糊、泥蓉状食物

9~11 月龄

带颗粒的泥蓉状食物：
菜、肉、粥

12~18 月龄

软饭、切碎的
肉和菜

18~36 月龄

稍微切碎的家常饭菜，
接近成人饮食模式

食物形状的逐渐变化

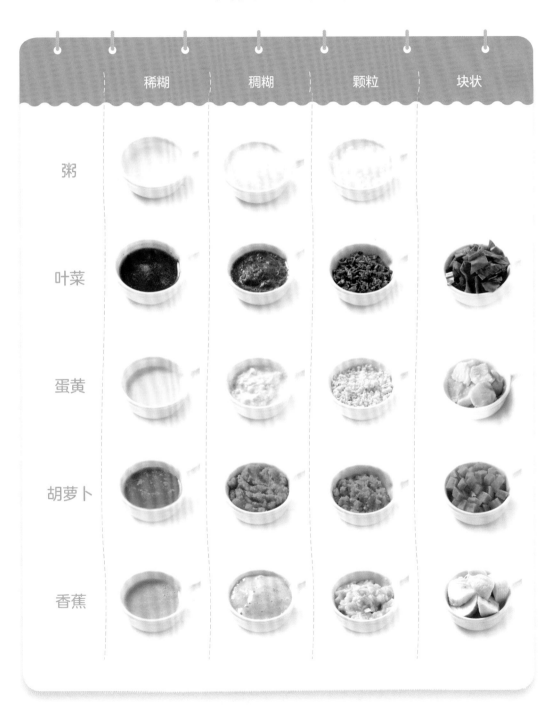

	稀糊	稠糊	颗粒	块状
粥				
叶菜				
蛋黄				
胡萝卜				
香蕉				

宝宝各阶段辅食推荐食材

7月龄

主食（富含热量的食物）：
米粥、土豆、红薯、香蕉（可当主食可当水果）、面包（为防止过敏）

富含维生素和矿物质的食物：
南瓜、胡萝卜、番茄、芜菁、白萝卜、菠菜、西蓝花、圆白菜、白菜、橘子、苹果、草莓

富含蛋白质的食品：
豆腐、鱼肉、黄豆粉、婴幼儿配方奶粉

8月龄

主食（富含热量的食物）：
乌冬面、挂面（部分小孩在第一阶段即可食用）、玉米片、燕麦片

富含维生素和矿物质的食物：
鲜芦笋、秋葵、茄子、扁豆角、嫩豌豆、黄瓜、生菜、海带、裙带菜

富含蛋白质的食品：
金枪鱼、鲑鱼、鸡胸肉

9~11 月龄

12~36 月龄

主食（富含热量的食物）：

通心粉、意大利面（部分小孩在第二阶段即可食用）、米粉、苏打饼

富含维生素和矿物质的食物：

牛蒡、莲藕、竹笋、豆芽、蘑菇类

富含蛋白质的食品：

黑背鱼（沙丁鱼、秋刀鱼）、扇贝、牡蛎、牛瘦肉、鸡腿肉（去皮）、牛肉馅、猪肉馅、水煮大豆

主食（富含热量的食物）：

同 9~11 月龄食物

富含维生素和矿物质的食物：

9~11 月龄食物

富含蛋白质的食品：

鱼干（低盐）、牛奶及奶制品

一眼看出不同食材的量

食材的用量不必精确计量，用勺子或靠感觉就能取到适当的量。

10 克米

相当于 1 平勺

10 克西蓝花

2 个鹌鹑蛋大
或剁碎后 1 勺

10 克土豆

将土豆切成 5 厘米 ×2 厘
米 ×1 厘米的长条或搅碎
后 1 勺

10 克泡发的大米

1 勺凸起 0.5 厘米

20 克西蓝花

3 个拇指大小的量

20 克土豆

直径 4 厘米土豆的 1/4 大

10 克胡萝卜

胡萝卜搅碎后 1 勺

20 克胡萝卜

直径 4 厘米的胡萝卜
切取 2 厘米厚的 1 块

10 克南瓜

南瓜搅碎后 1 勺

10 克菠菜

切碎后 1/2 勺

20 克金针菇

用手握住时食指到
拇指的第一个指节

10 克豆腐

豆腐压碎后 1 勺

10 克洋葱

拳头大小的洋葱切取 1/6
大小 1 块

20 克豆芽

用手握住时食指未达到
拇指的第一个指节

20 克豆腐

切取标准豆腐的
1/10 大小的 1 块

10 克牛肉

2 个鹌鹑蛋大小
或压碎后 1/2 勺

10 克苹果

压碎后 1 勺

20 克香菇

去蒂后 1 朵

20 克牛肉

1 满勺的量

10 克黑豆

40 粒

20 克红薯

直径 5 厘米的红薯切取
2 厘米厚的 1 块

必备的省时省力工具

制作
工具

料理机

料理机功能比较多，宝宝的日常辅食一般可以解决，食材洗净、切块后放进去就可以了，打出的菜泥、肉泥、果泥都非常细腻。料理机清洗起来也很方便。即使不做辅食，也有很多家常用途。

过滤器

一般的过滤网即可，每次使用之前都要用开水浸泡一下，用完洗净、晾干。

小汤锅

烫熟食物或煮汤用，也可用普通汤锅，但小汤锅省时节能。注意使用汤锅要带盖。

平底锅

一些需要略炒或者给月龄大的宝宝做炒菜时需要用到，准备一个小的平底锅比较方便，即使不做辅食，也可以用来煎蛋。

辅食剪

辅食剪可以把食物剪成宝宝适合吃的大小，外出就餐时携带，非常方便。

蒸锅

煮或蒸，是辅食常用的烹饪手法。常用蒸锅就可以了，也可以使用小号蒸锅，省时节能。

进食用具

勺

需选用软头的婴儿专用勺，宝宝独立使用时不会伤到白己。

餐具

建议选用底部带有吸盘的餐具，能够固定在餐桌上，以免在进食时被宝宝当玩具扔了。

围嘴（罩衣）

半岁以前只需防止宝宝弄脏自己胸前的衣服，用围嘴就够了。半岁以后，随着宝宝活动的范围人人增加，就需准备带袖罩衣了。

口水巾

进食时用来帮宝宝擦拭脸和手。

婴儿餐椅

有利于培养宝宝良好的进餐习惯，会走路以后吃饭也不用追着喂了。

保鲜
用品

保鲜盒

做多了的辅食可以存在保鲜盒里冷藏起来，以备下一次食用。宝宝外出玩耍时，带着的小点心或切好的水果可以放到保鲜盒里。如果带着的是水果，还要带几根牙签，最好用保鲜膜包起来。

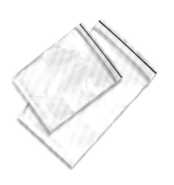

冷藏专用袋

最好是能封口的专用冷藏袋，做好的辅食分成小份，用保鲜膜包起来后放入袋中。

掌握技巧，辅食轻松做

辅食制作须注意

1 做辅食前认真洗净双手。

2 使用单独的刀、砧板、容器等工具，并且要生食、熟食分开使用。

3 食物要彻底煮熟，细心检查：肉切开要无血丝，蛋黄呈凝固状态，汤持续煮沸至少1分钟。

4 易腐烂的蔬菜、水果、肉蛋鱼，买来后及时烹饪或冷藏，不要在室温下搁置太久。

5 现吃现做，尽可能给宝宝吃当餐制作的食物，吃不了要及时冷藏。特别是夏季，室温下搁置2小时后不建议再给宝宝食用，避免滋生细菌导致宝宝腹泻。

6 宝宝吃辅食的餐具一定要及时清洗，消毒的频率建议一天一次。可以采用煮沸消毒法或是蒸汽消毒法。煮沸消毒法是把辅食餐具洗净后放到沸水中煮2~5分钟；蒸汽消毒法是把洗净的餐具放到蒸锅中，蒸5~10分钟。

7 辅食烹饪方法宜采用蒸煮等烹饪方式，不宜用煎炸等烹饪方式。

制作泥糊状的动物性食物

　　各种泥糊状的动物性食物可以单独吃，也可以和菜泥等一起加入粥或面条中。但是肝泥不可食用过多，每周1~2次即可。鸡、鸭、鹅的臀尖也会沉积有毒物质，烹制时要去掉。

 肉泥

 肝泥

 鱼虾泥

　　选用鸡胸肉、猪瘦肉等，洗净后剁碎，或用料理机粉碎成肉糜，加适量水蒸熟或煮烂成泥状。加热前先用研钵或匙把肉糜研压一下，或在肉糜中加入蛋黄、淀粉等，可以使肉泥更嫩滑。

　　将动物肝洗净、剖开，用刀在剖面上刮出肝泥，或将剔除筋膜后的动物肝等剁碎成肝泥，蒸熟或煮熟即可。也可将肝蒸熟或煮熟后碾碎成泥。

　　将鱼洗净、蒸熟或煮熟，然后去皮、去骨，将留下的鱼肉用勺压成泥状即可。虾仁剁碎或粉碎成泥，蒸熟或煮熟即可。

　　建议猪肉选猪大腿中间的肉或猪里脊肉；鸡肉首选鸡腿肉，其次鸡胸肉；牛肉选后腿肚的肉或牛里脊肉。

猪里脊肉

牛里脊肉

制作泥糊状的植物性食物

做菜泥、土豆泥时最好加入适量植物油，或与肉泥混合后喂养。水果泥可直接食用。

选择菠菜、油菜等绿叶蔬菜，择取嫩菜叶。水煮沸后将菜叶放入水中略煮，捞出剁碎或捣烂成泥。

将土豆洗净去皮，切成小块后煮烂或蒸熟，用勺压成泥或捣烂。

将胡萝卜洗净去皮，切成小块后煮烂或蒸熟，用勺压成泥状或捣烂，也可以用勺刮着喂。

香蕉剥皮后直接用勺轻轻刮出泥或者捣烂。

苹果切开或去皮，直接用勺在果肉上刮成泥。

玉米粒洗净，煮熟，用料理机打成糊，再过一遍筛，口感会比较细腻。

第1章

辅食添加,
网络热搜问题全解答

什么时候开始添加辅食？

《中国居民膳食指南（2016）》针对我国7~24月龄婴幼儿营养和喂养的需求，以及可能出现的问题，同时参考世界卫生组织（WHO）等相关建议，提出7~24月龄宝宝在继续母乳喂养同时，满6月龄（满180天）起添加辅食。有特殊需要时必须在医生指导下调整辅食添加时间。

7月龄要及时添加辅食

因为这个阶段宝宝的胃肠道等消化器官已相对发育完善，可以消化母乳或配方奶以外的多样食物。对于7~12月龄的宝宝，99%的铁、75%的锌、80%的维生素 B_6、50%的维生素C等都从添加的辅食中获得，所以7月龄时必须尽快引入各种营养丰富的食物。

另外，这个阶段宝宝口腔运动功能，味觉、嗅觉、触觉等感觉，心理、认知和行为能力也已经做好接受新食物的准备，此时添加辅食不仅能满足宝宝的营养需求，也能满足心理需求，更能促进感知觉、心理、认知、行为能力的发展。

最早不能早于4月龄

4~6月龄宝宝已经能扶坐，仰卧时能抬头、用两肘支撑起胸部，能有目的地将手或玩具放入嘴里，挺舌反射消失，当小勺触及口唇时宝宝会张嘴、吸吮，能吞咽稀糊状食物，这表明开始添加辅食是适宜的。建议灵活对待辅食添加，从4月龄起（第5个月）到6月龄（第7个月），中间的任何时段都可以添加。

辅食是做还是买？

通常选富含铁的婴儿米粉作为宝宝的第一口辅食，因为作为宝宝辅食的米粉不是简单的大米磨成粉，而经过了营养强化和调配，自己调配很难满足婴儿的营养需求。选购时要特别注意品牌、质检标志、生产日期、保质期。随着辅食添加的推进，建议自己做，不仅能丰富食物种类，也可以最大限度保证食物质量，还能让宝宝感受到满满的爱。

不宜一直给宝宝吃过于精细的辅食

市售蔬菜泥等辅食确实很方便，而且比自己做的辅食精细，但是不能一直给宝宝吃过于精细的辅食，否则不利于锻炼咀嚼，也不利于口腔发育。

第一次怎么添加辅食？

初期主要以母乳和配方奶为主，辅食在日常奶量以外添加，安排在两顿奶之间，这样不会因为宝宝拒食影响宝宝的进食量和食欲。从每天喂 1~2 小勺，逐步过渡到小半碗，从每天 1 次增加到每天 2 次。一次添加一种食物，每种食物让宝宝适应 2~3 天。

提倡顺应喂养，不要强迫进食

让宝宝初尝辅食时有个愉快的开始很重要，所以建议顺应喂养模式，当宝宝拒绝新食物时爸爸妈妈要有耐心，反复尝试，这次不吃可以过两天再尝试，不要强迫宝宝吃。

热搜词
辅食和母乳的顺序

先喝奶还是先吃辅食？

为了保证母乳喂养，建议刚开始添加辅食时先喂母乳，在宝宝两餐奶之间喂辅食。饥饿的时候，因为宝宝习惯了奶的味道，知道喝奶能够满足他的需求，可能会一心只想喝奶，对辅食兴趣不大。7~24月龄宝宝一天母乳或配方奶与辅食的具体时间安排，可以根据宝宝的实际情况查阅相关章节的《宝宝一周辅食举例》。

给宝宝养成良好的饮食习惯

为培养宝宝良好的作息习惯，从开始就尝试将喂辅食安排在家人进餐的同时或相近时间。宝宝注意力持续时间较短，建议控制在20分钟内喂完比较合适，进餐时鼓励宝宝手抓食物自己吃，学习使用餐具，帮助宝宝增加对食物的兴趣。

热搜词
蛋黄
米粉

先加鸡蛋黄还是先加米粉？

《中国居民膳食指南（2016）》指出，刚开始添加辅食时建议先选择富含铁的婴儿米粉。因为纯米粉引起婴儿过敏的可能性较低，相对于蛋黄更容易消化吸收。同时，婴儿米粉含有的淀粉、蛋白质、钙、铁、锌、硒等都能满足宝宝的营养需求。

对蛋黄过敏的宝宝8月龄后再添加

鸡蛋可以为宝宝补充优质蛋白质和矿物质等。添加米粉适应一段时间后，可以给宝宝添加蛋黄，先从1/4开始，逐渐添加到一个蛋黄，观察宝宝有无过敏症状，如果宝宝适应良好，可以尝试添加蛋白，过渡到吃一个全蛋。但是对蛋黄过敏的宝宝，等8月龄以后再添加。如果完全不能吃鸡蛋，每天需要摄取50克肉类。

能用骨头汤或果汁冲米粉吗？

不建议一开始添加辅食就用骨头汤或果汁冲调，待宝宝完全接受原味米粉后，再逐步在米粉中加入菜泥、果泥、肉泥、蛋黄泥制成复合口味的辅食，让宝宝更好地接受多种食物。如果一开始就使用骨头汤或者果汁给宝宝冲调米粉，会给宝宝的肠胃增加负担，影响后期辅食添加。

添加辅食可以锻炼宝宝的咀嚼能力

给宝宝加泥糊状辅食，一方面是给宝宝增加营养，另外一方面是要宝宝练习舌头的搅拌能力，并学习咀嚼。

辅食是不是越细碎越好？

有些妈妈在给宝宝添加辅食时将食物做得很软烂，认为这样的食物宝宝食用时不会被卡到，更利于吸收，这是个误区。宝宝的辅食形状、硬度要随着月龄增长而变化，以促进宝宝咀嚼能力和颌面的发育。同时要特别注意辅食添加要遵循"由少到多、由稀到稠、由细到粗"这个大原则，以适应宝宝的咀嚼、吞咽和消化功能的发展。

宝宝大便有颗粒可能辅食偏粗

如果宝宝大便中出现原始食物的颗粒，说明辅食偏粗，下次要磨得更碎一些。如果仅仅有细小且较少的颗粒，不必多虑，继续正常添加，这只是身体接受的过程，慢慢就会变好。

1 岁前辅食不加盐，能满足宝宝对钠和碘的需求吗？

热搜词
辅食加不加盐

母乳中钠含量可以满足 6 月龄内宝宝的需要，配方奶的钠含量高于母乳。等到宝宝 7~12 月龄添加辅食时，可以从动物性食物如鸡蛋、猪瘦肉、海虾中获得钠，加上从母乳中获得的钠，基本能满足对钠的需求。13~24 月龄宝宝逐渐尝试成人饮食，从食物中获取的钠也会相应增多。因此，不建议给 1 岁内的宝宝添加盐等调味品。

7~12 月龄宝宝钠适宜摄入量：350 毫克 / 天

母乳 +1 个鸡蛋（71 毫克）+100 克新鲜猪瘦肉（57.5 毫克）+100 克新鲜海虾（19 毫克）。

如果妈妈在备孕、怀孕时候摄入的碘充足，母乳中的碘基本都能满足 0~12 月龄宝宝的需要，7~12 月龄还可以从辅食中获取部分碘，13~24 月龄宝宝过渡到成人饮食从而获得足够的碘。

因此不建议给 7~12 月龄的宝宝辅食中添加盐等调味，即使 13~24 月龄宝宝逐渐尝试成人饮食，也要少盐、少糖、少刺激，淡口味食物更适合宝宝。

避免高盐、高糖的加工食品

加工食品的钠含量会大大提高，而且大多额外添加糖，比如吃 100 克新鲜猪瘦肉，宝宝可以摄取 57.5 毫克钠，但是如果买市售香肠，吃 100 克可能会摄入超过 2500 毫克钠；新鲜番茄中几乎不含钠，如果用番茄沙司给宝宝做辅食，10 克番茄沙司中含 115 毫克钠，还含白糖等。

7~24 月龄宝宝肾脏、肝脏等各种器官还没有发育成熟，过量摄入钠会增加肝肾负担。虽然鼓励 13~24 月龄宝宝尝试家庭食物，但是要避免高盐、高糖的加工食物。给宝宝的食物，最好是家里自己做。

如何发现孩子是否辅食过敏?

孩子添加辅食后,很容易出现食物过敏。过敏是孩子的免疫系统对外来物质的"排异反应"过程,会随着时间推移有所变化。辅食过敏主要影响孩子的三大系统:皮肤、消化系统和呼吸系统。

皮肤的表现

过敏经常表现在孩子的皮肤上。对于婴幼儿来说,常见表现主要分为两类,一类是急性皮肤过敏,表现为皮肤瘙痒、红斑、局部或全身风团表现——急性荨麻疹;嘴唇、脸部和眼周的急性血管神经性水肿也是过敏的急性表现。另一类是慢性皮肤过敏,除了瘙痒、红斑等表现外,主要为过敏性皮炎(湿疹)。

消化道的表现

很多食物过敏的孩子有胃肠表现,分为急性表现,如恶心、呕吐、腹泻、腹痛;慢性表现,如稀水便、大便带血或黏液、腹痛。由于以上胃肠表现并不是过敏独有的表现,在针对孩子其他胃肠疾病的治疗不见效时,应考虑与过敏有关。特别是腹泻、便秘交替出现以及严重腹痛等,都可能是过敏表现。

呼吸道的表现

过敏在孩子身上经过较长时间发展后,可侵袭孩子的呼吸道。上呼吸道表现类似感冒,反复流涕、咳嗽、扁桃体肿大等;下呼吸道表现为咳嗽、胸闷、喘息或气短。

对于孩子反复发生呼吸道感染,必须区分是免疫功能低下所致,还是与过敏相关。没有结论之前,不要轻易给孩子使用免疫增强剂,以免适得其反,使过敏加重。

常见过敏食物要谨慎添加

虽然任何食物都可能引起孩子过敏,但最常见的食物过敏原有牛奶、鸡蛋清、鱼虾、贝类及花生等。家长应遵循"少量添加,每次添加一种"的原则添加辅食,如果孩子有过敏症状要及时停食。

喂辅食用奶瓶还是用勺子？

建议家长用勺子给宝宝喂辅食，因为辅食的添加就是帮助宝宝一步步脱离奶水的过程，也是让宝宝锻炼自己口腔运作能力，如果还用奶瓶喂辅食就显得没有意义了。开始使用勺子，宝宝可能会不配合，但是会很快接受，这也是为以后宝宝独立吃饭打下良好基础。

给宝宝准备专门的勺子和碗

首先宝宝专用餐具是专为宝宝设计，更适合他们使用，方便宝宝进食。而且宝宝专用餐具可以促进他们的手指的灵活运动，锻炼他们手、眼、口的协调能力，促进大脑发育。另外，独有的餐具有助于培养宝宝以后独立吃饭。

宝宝不爱吃蔬菜怎么办？

宝宝不喜欢吃蔬菜，家人要带头做榜样，吃蔬菜时表现出津津有味的样子。此外，不要在宝宝面前议论自己不爱吃什么菜，什么菜不好吃之类的话，以免给宝宝不良的引导。

只是不吃个别蔬菜，可用其他蔬菜代替

如果宝宝只是不吃个别蔬菜，不必勉强，可用其他蔬菜来代替，只要宝宝吃到的蔬菜种类丰富，一般不会出现营养上的问题。给宝宝做辅食要注意辅食的味道、色泽搭配，还可以做成他喜欢的形状，比如可以用胡萝卜条、黄瓜条摆成小蝴蝶的样子，有利于增强宝宝的食欲。

热搜词
不爱
吃奶

添加辅食后宝宝不爱吃奶怎么办？

出现这种情况的原因可能是下面几种情况导致的。①时机不合适，辅食添加过早或过晚。②口味调的比奶浓，使宝宝对淡而无味的奶减少兴趣。③辅食添加过量，使宝宝饥饿感下降，影响吃奶食欲。④宝宝吃辅食后喝奶量减少，体内的乳糖酶相对减少，吃奶时容易出现腹胀、腹泻，导致宝宝不爱喝奶。

根据情况调整辅食

首先要把握好添加辅食的时机，一般在宝宝满6月龄时添加辅食。不要操之过急，也不要为了吃辅食而减少奶量，晚上不要吃辅食，不利于消化。如果宝宝身体不适可以先停掉辅食，只吃母乳或配方奶。如果是宝宝单纯对食物兴趣浓厚而"厌奶"，不用太紧张，适应一段时间就好了。

热搜词
吃得少

别家宝宝比自家娃吃得多，怎么办？

宝宝间有个体差异，只要宝宝的身高、体重在生长曲线范围内合理增加，父母就不必要纠结自家宝宝比别家的宝宝吃得多还是少。

给宝宝建立健康的饮食习惯

辅食添加的阶段是宝宝从纯液体食物开始慢慢转向固体食物的适应阶段，也是宝宝肠胃逐渐调整、适应成人食物的阶段，让宝宝建立健康的饮食习惯才是这个阶段辅食喂养的重点。

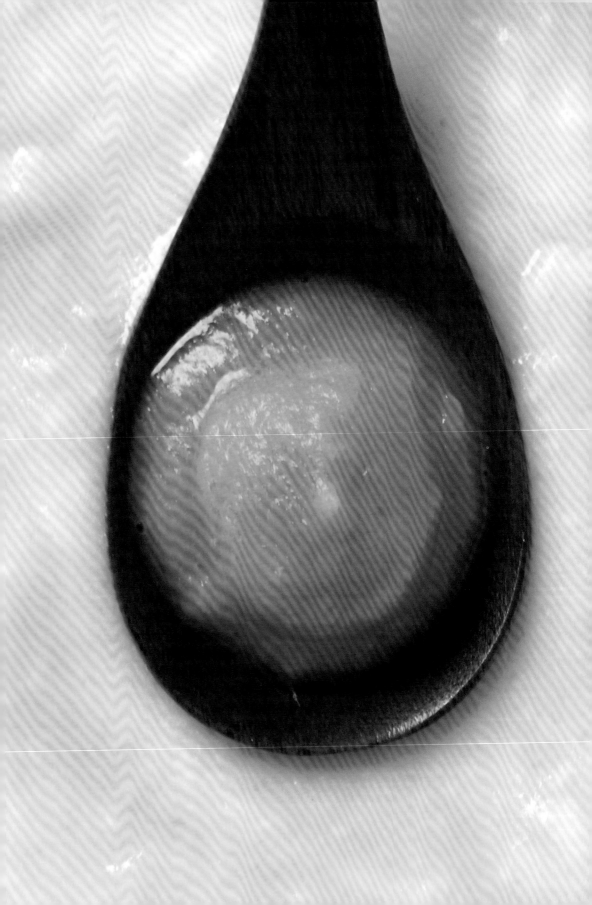

第2章

7 月龄辅食添加，
从富含铁的
泥糊状食物开始

轻松添加辅食攻略

继续母乳喂养的基础上添加辅食

宝宝满 6 月龄以后仍然需要从母乳中获得热量、各种重要营养素、抗体、低聚糖等各种保护因子，有助于减少腹泻、中耳炎、肺炎等各种感染性疾病，以及食物过敏、过敏性皮炎等过敏病症；可促进宝宝神经、心理发育，增进母子感情。另外，宝宝成人后出现肥胖以及各种代谢性疾病也会明显减少。因此 7~24 月龄宝宝应继续在母乳喂养的基础上添加辅食，母乳不足或者不能母乳喂养的宝宝，需要继续喂配方奶作为母乳补充。

7~9 月龄宝宝
每天母乳或配方奶量不低于 600 毫升
母乳或配方奶喂养不少于 4 次。

10~12 月龄宝宝
每天母乳或配方奶量不低于 600 毫升
母乳或配方奶量喂养不少于 4 次。

12~24 月龄宝宝
每天母乳或配方奶量不低于 500 毫升。

第一口辅食为强化铁米粉

研究显示，中国 7~24 月龄的宝宝缺铁性贫血的发生率仍然处于较高水平，在 4~6 月龄内宝宝依靠胎儿期肝脏储存的铁来维持身体对铁的需求，但是满 6 月龄后宝宝成长所需要的铁 99% 来自辅食，生长越快对铁的需求量越高。所以，给宝宝吃的第一口辅食应该是富含铁的高热量食物，如富含铁的婴儿米粉。

米粉可以吃，然后宝宝可以尝试喝粥、吃肉泥，这个阶段宝宝也不再满足于稀糊状食物，而且瘦肉、肝脏中的血红素铁可以帮助宝宝补铁。

每次只引入一种新食物，适应 2~3 天再添加新种类

宝宝的辅食从富含铁的米粉、肉泥等泥糊状食物开始，逐渐引入其他不同种类的食物。但是要注意，每次只添加一种新食物，需要让宝宝适应 2~3 天，密切观察宝宝是否出现呕吐、腹泻、皮疹等不良反应，确认宝宝适应后再添加其他新食物。辅食添加要遵循由少到多、由稀到稠、由细到粗、由泥糊状到半固体再到固体食物的总原则，做到循序渐进。

食物多样化，均衡营养

理想的辅食应该多样化，并且保证母乳或配方奶的供应。中国营养学会妇幼分会建议我国 7~12 月龄的宝宝每天摄取 500~700 毫升奶类、15~50 克蛋、25~75 克肉（包括畜、禽、鱼虾等），再配以谷物、蔬菜、水果等，全面而均衡地摄取营养。

谷物类

富含碳水化合物，为宝宝提供热量。米粉、稠粥、软饭、面条等。

动物性食物

为宝宝提供必不可少优质蛋白质、钙、铁、锌、维生素A。白肉鱼、小沙丁鱼等。

蔬果

是宝宝所需的多种维生素、矿物质、膳食纤维的重要来源。

豆类

优质蛋白质的补充来源。

植物油

提供热量和必需脂肪酸。

喂辅食由少到多、由稀到稠、由淡味到甜味

宝宝吃辅食需要一个适应过程，第一次喂辅食先尝试 1 小勺，第一天尝试 1~2 次。第二天视宝宝情况增加量或次数，观察 2~3 天后，可以再引入一种新食物。刚开始添加辅食时，食物性状也要更接近于奶，可以调成稍稀的泥糊状（能用小勺舀起不会很快滴落）。

因为每种食物都有自己独特的味道，比如有的甜味足一些，有的味道淡一些，而且宝宝更爱"甜食"，一旦先吃了甜的，后面再让他吃寡淡的，可能不太容易接受。所以，建议遵循谷物 - 淡味蔬果 - 甜味蔬果的顺序给宝宝添加辅食。

妈妈们遇到的问题及应对

母乳与辅食怎么喂?

开始添加辅食,先喂母乳或配方奶,宝宝两顿奶之间喂辅食,再按需哺乳。满7月龄时,辅食单独成一餐,辅食与母乳间隔喂养模式,即母乳4~6次/日;辅食2~3次/日。尽量将喂辅食安排在与家人吃饭时间相近,帮助宝宝养成和大人同时进餐的作息。

宝宝厌奶、便秘、腹泻怎么办?

吃了辅食不爱喝奶的宝宝,妈妈需要看看是不是辅食喂多了。宝宝没有饥饿感就会影响喝奶的欲望。因此,宝宝饿了要先喂奶再喂辅食,并减少辅食的量。宝宝吃辅食后,喝奶量减少,宝宝体内的乳糖酶就相对减少,吃奶时容易出现腹胀、腹泻,也会导致宝宝不爱喝奶,如果情况比较严重,建议咨询医生。

出现便秘的宝宝,如果辅食中已经添加了红薯并确认没问题,可以给宝宝吃红薯,有利于排便。还可以通过增加宝宝活动量,给宝宝做抚触、捏脊、推拿来缓解便秘。

如果宝宝出现了腹泻,需要停止添加辅食,减少喂奶量,延长两次喂奶的时间间隔,让宝宝的肠胃暂时休息一下。人工喂养的宝宝,如果出现严重腹泻又伴随呕吐,必要时选用防腹泻配方奶,等身体恢复正常再恢复正常饮食。

宝宝一周辅食举例

餐次\周次	第1餐 07:00	第2餐 10:00	第3餐 12:00	第4餐 15:00	第5餐 18:00	第6餐 21:00
周一	🥄/🍼	🥄/🍼	富铁婴儿米粉（P42）	🥄/🍼	南瓜米糊（P43）	🥄/🍼
周二	🥄/🍼	🥄/🍼	富铁婴儿米粉（P42）	🥄/🍼	南瓜米糊（P43）	🥄/🍼
周三	🥄/🍼	🥄/🍼	富铁婴儿米粉（P42）	🥄/🍼	南瓜米糊（P43）	🥄/🍼
周四	🥄/🍼	🥄/🍼	富铁婴儿米粉（P42）	🥄/🍼	菠菜米糊（P44）	🥄/🍼
周五	🥄/🍼	🥄/🍼	富铁婴儿米粉（P42）	🥄/🍼	菠菜米糊（P44）	🥄/🍼
周六	🥄/🍼	🥄/🍼	富铁婴儿米粉（P42）	🥄/🍼	南瓜米糊（P43）	🥄/🍼
周日	🥄/🍼	🥄/🍼	富铁婴儿米粉（P42）	🥄/🍼	南瓜米糊（P43）	🥄/🍼

注：此处仅仅是 7 月龄宝宝一周食谱举例，千万不要按这个表给宝宝的辅食重复 4 周。等宝宝适应了某一种食物后，可继续添加新的食物，让宝宝尝到的食材更丰富。其他章节《宝宝一周辅食举例》也是如此。

富铁婴儿米粉

健康做法

1　取一个小碗用沸水消毒。

2　在小碗中倒入米粉，按比例一边倒温水一边均匀搅拌，防止米粉结块。

快乐成长好营养 😊

富铁婴儿米粉富含蛋白质、脂肪、膳食纤维、DHA、钙、铁等多种营养元素，给宝宝喂食能满足身体成长所需，尤其能补充铁。

营养食材

富铁
婴儿米粉　　　30 克

米糊

营养食材 大米 15 克。

健康做法

1. 大米淘洗干净，用温水浸泡 2 小时后捞出，放入料理机，加少量水打成米糊。
2. 将打好的米糊放入小奶锅，加八倍米量的水，用小火边煮边搅拌，煮沸后再煮 2 分钟即可出锅。

快乐成长好营养 ☺

大米含有丰富的 B 族维生素等营养成分，而且易消化吸收，是作为宝宝首选辅食的好食材。

南瓜米糊

营养食材 大米 20 克，南瓜 10 克。

健康做法

1. 大米洗净，浸泡 3 分钟，放入搅拌器中磨碎；南瓜洗净，去瓤、子和皮，放入蒸锅中充分蒸熟，放入碗中，捣碎。
2. 把磨碎的米和适量水倒入锅中，用大火煮开，放入南瓜碎，转小火煮烂，用过滤网过滤，取汤糊即可。

快乐成长好营养 ☺

南瓜含有丰富的膳食纤维，能促进宝宝肠道蠕动，可以预防和缓解宝宝便秘。

菠菜米糊

健康做法

1 菠菜洗净，放入沸水中煮软捞出，剁碎后捣成泥。

2 取适量温水，在婴儿米粉中慢慢多次加入温水，调成适合宝宝吃的性状，再拌入菠菜泥即可。

快乐成长好营养 ☺

菠菜属于营养价值较高的蔬菜，能补充维生素C和胡萝卜素，含有的膳食纤维有助于预防宝宝便秘。

营养食材

菠菜	20 克
婴儿米粉	25 克

圆白菜　小米
胡萝卜　苹果

圆白菜米糊

营养食材

大米	40克
圆白菜	20克

健康做法

1　大米洗净，浸泡30分钟，放入搅拌器中磨碎。

2　圆白菜洗净，放入沸水中充分煮熟后，切碎。

3　将磨碎的大米倒入锅中，加8倍米量的水大火煮开，放入圆白菜碎，改小火煮开，继续煮至圆白菜碎软烂即可。

快乐成长好营养 :)

圆白菜含有丰富的维生素C、膳食纤维，有助于宝宝补充营养。

苹果米糊

营养食材 苹果 25 克，米粉 20 克。

健康做法

1 苹果洗净，去皮去核，蒸熟后用搅拌机打成泥糊。

2 取适量温水将米粉调成适合宝宝吃的性状，再拌入苹果泥即可。

快乐成长好营养

苹果可以帮助宝宝补充钾、镁等矿物质，还含有有机酸，可以帮助宝宝提升食欲。

小米糊

营养食材 小米 50 克。

健康做法

1 小米洗净后放入搅拌机中磨碎。

2 将磨碎的小米放入小奶锅，加 8 倍米量的水，用小火熬煮，边煮边搅拌，煮沸后再煮 3~5 分钟即可出锅。

快乐成长好营养 ☺

一般粮食中不含有的胡萝卜素，每 100 克小米中胡萝卜素含量达 0.12 毫克，而且含有维生素 B_1。

胡萝卜小米糊

健康做法

1　小米洗净后放入搅拌机中磨碎，加适量水熬成粥糊。

2　胡萝卜洗净，去皮，切块，蒸熟后压成泥。

3　将胡萝卜泥放入小米糊中，搅拌均匀，稍煮后出锅即可。

快乐成长好营养 😊

小米中含有大米、小麦中没有的胡萝卜素，胡萝卜中也富含胡萝卜素，二者搭配可以调节宝宝免疫力，促进宝宝视力发育。

第3周
推荐食材
西蓝花　土豆
鳕鱼　　藕粉

双花菜泥

健康做法

1　西蓝花和菜花取花冠部分，放入淡盐水中浸泡 20 分钟，再用流动的水冲洗干净。

2　锅加适量水，烧开，放入菜花和西蓝花，煮至全熟后捞出。

3　放入料理机中，加少许温水打成泥糊状即可。

快乐成长好营养 ☺

西蓝花和菜花都富含钾、镁、钙、维生素 C 等多种营养素，能够帮助宝宝增强抵抗力。

营养食材	
西蓝花	100 克
菜花	100 克

鳕鱼泥

营养食材　鳕鱼 50 克。
健康做法
1　鳕鱼肉解冻，洗净，去皮去刺，
　　放入盘中入锅蒸熟。
2　将蒸熟的鳕鱼肉用料理机打碎成
　　泥即可。

快乐成长好营养 😊

鳕鱼可以为宝宝提供优质蛋白质和
多不饱和脂肪酸 DHA，促进宝宝大
脑发育。

苹果藕粉羹

营养食材　藕粉 20 克，苹果 10 克。
健康做法
1　苹果洗净，去皮，蒸熟后用料理机打
　　成泥。
2　藕粉放入碗中，先倒入少许凉白开，
　　边倒水边搅匀藕粉，然后再倒刚烧开
　　的水，边倒边搅匀至透明。
3　将苹果泥放入冲好的藕粉中搅拌均匀即可。

快乐成长好营养 😊

莲藕营养丰富，含碳水化合物丰富，可以
为宝宝提供热量。此外，莲藕中还含有较多
的维生素 C、钙、铁、钾等营养物质，有
利于增强宝宝的抵抗力。

蔬菜泥

健康做法

1　西蓝花取花冠部分洗净，放入沸水中煮熟后切碎。

2　胡萝卜洗净，去皮，切小块；土豆洗净，去皮，切小块，和胡萝卜一起放入沸水中煮熟。

3　将西蓝花碎、胡萝卜块、土豆块一起放入碗中碾碎成泥，拌匀即可。

快乐成长好营养 ☺
西蓝花和胡萝卜都富含胡萝卜素，可以促进宝宝视力发育，土豆可保护宝宝的脾胃健康。

猪肝泥

营养食材

新鲜猪肝　　100 克

健康做法

1　猪肝剔去筋膜，切成片，用清水浸泡30~60
　　分钟，中途勤换水。

2　泡好的猪肝用清水反复清洗，最后用热水
　　再清洗一遍。

3　放入蒸锅，大火蒸20分钟左右。

4　取出后将猪肝放入料理机，加少许温水打
　　成泥即可。

快乐成长好营养 ☺

猪肝富含血红素铁，是宝宝补铁的极佳食物来
源。猪肝还含有卵磷脂和多种矿物质，有利于
宝宝大脑智力发育。

草莓香蕉酱

营养食材

草莓	150 克
香蕉	1/3 根

健康做法

1 草莓去蒂，一个个洗净后用清水浸泡 20 分钟，再用白开水冲洗一遍。

2 削掉草莓顶部略硬部分；香蕉去皮，切段。

3 将处理好的香蕉和草莓一起放入料理机中打成泥即可。

快乐成长好营养 ☺

草莓中维生素 C 含量和香蕉中钾的含量都很丰富，有助于帮助宝宝增强抵抗力。

西葫芦烂面条

健康做法

1　西葫芦洗净，去皮去瓤，切薄片，用沸水烫熟后用料理机打成泥。

2　将面条掰成小碎段，放入沸水锅中煮至软烂后捞出，放入西葫芦泥拌匀即可。

快乐成长好营养 ☺

西葫芦含钙较丰富，面条有助于宝宝生长发育。

营养食材	
西葫芦	40 克
面条	30 克

第3章

8 月龄可以加入蛋黄，
尝试末状食物

轻松添加辅食攻略

向末状食物过渡

辅食添加是锻炼宝宝咀嚼和吞咽能力的过程，所以宝宝不能一直只吃泥糊状食物，8月龄阶段宝宝还处于蠕嚼期，而有些宝宝已经长牙了，因此可以尝试逐步过渡到末状食物。

此阶段蔬菜水果不必一定用料理机打成泥，剁碎或者用研磨碗研磨就行。同时，家长也需要做好示范，用夸张的表情和动作诱导宝宝模仿进食。

开始尝试添加蛋黄，和肉类间隔添加

蛋黄富含的营养有利于宝宝体格和智力的发育，这个月龄可以尝试给宝宝添加蛋黄了。因为蛋清更容易使宝宝过敏，所以建议蛋黄和蛋清分开添加，10~12月龄再给宝宝添加全蛋更为合适。

因为1岁前宝宝肾脏还没发育完善，所以蛋白质在1天的辅食比例中不宜过多，否则会给肾脏造成负担。因此，建议蛋黄和肉类采用隔天交替添加的方式。《中国居民膳食指南》推荐7~24月龄的宝宝每天蛋的摄入量为25~50克。

适当补充热量，主食多变化

大部分宝宝在这个月龄已经开始学爬行，活动量增多，热量也跟着消耗得更多，辅食中需要逐步添加丰富的碳水化合物、脂肪类、蛋白质类食物，为宝宝补充热量。主食要多多变化，丰富宝宝对食物的体验，比如一餐米糊，下一餐就吃面。

宝宝辅食添加的食材并不是一成不变的，本书中给出的每周推荐食材只是参考，其他没有列举的食材，如果性质类似，宝宝接受良好，也可以添加。

妈妈们遇到的问题及应对

如何判断宝宝辅食添加效果好不好？

生长曲线是评价宝宝喂养效果的黄金标准，通过生长曲线可以连续观察宝宝身高、体重等重要指标的变化，了解宝宝的生长、发育情况，还可以判断宝宝是否肥胖，有没有生长发育缓慢的迹象。

宝宝用牙床咀嚼食物会影响长牙吗？

辅食添加和宝宝出牙是相辅相成的，5~6 月龄宝宝颌骨与牙龈已经发育到一定程度，足以咀嚼软软的固体食物，在乳牙萌出后咀嚼能力将进一步增强。此阶段增加食物硬度有所提升，让宝宝多咀嚼，可以促进牙齿萌出，使牙齿更坚固、排列更整齐，有利于牙齿与颌骨的正常发育。

一般宝宝 7~9 月龄的时候开始萌出乳牙，出牙早的宝宝也有在 4 月龄的时候萌出第一颗乳牙，晚的也可能在 10~12 月龄才萌出第一颗乳牙。

怎么让宝宝多吃点？

宝宝的胃容量是有差异的，只要宝宝生长发育正常，就不用非要宝宝"多吃点"。家长应该做的是让宝宝辅食更丰富、可口，让宝宝健康顺利由辅食过渡到家庭饮食。宝宝的食量可以让他自己决定，不应该强迫宝宝多吃。吃饱后还要强迫吃，不仅容易造成宝宝对食物的反感，还可能引发积食。

宝宝积食怎么办？

积食其实就是吃多了，可能导致发热、上吐下泻、不想吃饭、精神萎靡等，这时候要考虑停两顿辅食，用米汤调理肠胃，还可以通过推拿、捏脊来辅助缓解症状。

宝宝一周辅食举例

母乳   配方奶

餐次 周次	第1餐 07:00	第2餐 10:00	第3餐 12:00	第4餐 15:00	第5餐 18:00	第6餐 21:00
周一	🍼/🍼	🍼/🍼	南瓜蛋黄泥 （P59）	🍼/🍼	小勺刮取 香蕉泥	🍼/🍼
周二	🍼/🍼	🍼/🍼	南瓜蛋黄泥 （P59）	🍼/🍼	小勺刮取 苹果泥	🍼/🍼
周三	🍼/🍼	🍼/🍼	蛋黄玉米羹 （P60）	🍼/🍼	小勺刮取 香蕉泥	🍼/🍼
周四	🍼/🍼	🍼/🍼	蛋黄玉米羹 （P60）	🍼/🍼	蔬菜泥 （P50）	🍼/🍼
周五	🍼/🍼	🍼/🍼	什锦果泥 （P60）	🍼/🍼	南瓜蛋黄泥 （P59）	🍼/🍼
周六	🍼/🍼	🍼/🍼	番茄鳕鱼泥 （P61）	🍼/🍼	草莓香蕉酱 （P52）	🍼/🍼
周日	🍼/🍼	🍼/🍼	番茄鳕鱼泥 （P61）	🍼/🍼	草莓香蕉酱 （P52）	🍼/🍼

南瓜蛋黄泥

营养食材

鸡蛋	1个
南瓜	80克

健康做法

1　南瓜洗净，去瓤去皮，切块，放入碗中，隔水蒸熟。

2　鸡蛋洗净，放入锅中水开后煮10分钟至全熟，取1/4蛋黄压成泥，加20毫升温水调匀成糊状，倒入南瓜泥拌匀即可。

快乐成长好营养 ☺

蛋黄富含卵磷脂、DHA等多种营养素，能为宝宝健康成长提供必不可少的丰富营养。

蛋黄玉米羹

营养食材　鲜玉米粒 100 克，鸡蛋 1 个。
健康做法
1　鲜玉米粒洗净，放入料理机打成蓉；鸡蛋洗净，磕开，取 1/4 蛋黄，打散。
2　将玉米蓉放入锅中，加没过食材的水，大火煮沸后转小火煮 20 分钟。
3　转大火，倒入蛋黄液，不停搅拌至煮沸即可。

快乐成长好营养 😊
玉米中含有较高的谷氨酸，帮助促进脑细胞代谢，有利于健脑。

什锦果泥

营养食材　梨 50 克，苹果 25 克，香蕉半根。
健康做法
1　梨和苹果分别洗净，去皮去核，切块，蒸熟。
2　香蕉去皮，切小块，连同蒸熟的梨块、苹果块一起放入料理机打成泥即可。

快乐成长好营养 😊
梨肉香甜可口，肥嫩多汁，含有丰富的钾、维生素 C、膳食纤维等，有利于宝宝成长。

番茄鳕鱼泥

健康做法

1 鳕鱼肉解冻，洗净，去皮去刺，用料理机
  打成泥。

2 番茄洗净，去皮，研成泥。

3 平底锅放油烧热，倒入番茄泥滑炒均匀，
  再放入鳕鱼泥快速搅拌均匀至鱼肉熟透。

快乐成长好营养 ☺

番茄可以帮助宝宝补充多种维生素，还可促进
消化。

营养食材

番茄	1 个
鳕鱼	100 克

油菜蛋羹

健康做法

1　油菜择洗干净，焯熟，切碎。

2　鸡蛋洗净，磕开，分离蛋黄和蛋清。

3　将蛋黄放入碗中打散，加少许白开水搅拌均匀，放入油菜碎，拌匀。

4　碗口蒙上一层耐高温的保鲜膜，用牙签扎几个小孔，入蒸锅，水开后中火蒸15分钟即可。

快乐成长好营养 ☺

油菜不但富含维生素C，胡萝卜素、钙含量也很高，有助于调节宝宝免疫能力。

营养食材

鸡蛋	1个
油菜	20克

鸡蓉胡萝卜泥

健康做法

1　鸡胸肉洗净，去掉筋膜，剁碎。胡萝卜洗净，去皮，切块。

2　将剁碎的鸡肉放一只碗中，胡萝卜块放另一只碗中，一起放入蒸锅，水开后大火蒸20分钟。

3　取出，将鸡肉碎、胡萝卜块一起放入碗中碾碎成泥，调入适量温水，搅拌均匀即可。

快乐成长好营养 ☺

鸡肉含有丰富的优质蛋白质，有助于促进宝宝成长。

营养食材

鸡胸肉	50 克
胡萝卜	30 克

彩色山药球

营养食材 山药 50 克，菠菜 3 棵，胡萝卜 30 克。

健康做法

1　山药和胡萝卜洗净，去皮，切成小块，隔水蒸熟，分别用料理机打成泥；菠菜去根，择洗干净，放入沸水中烫熟，切碎。

2　将山药泥、胡萝卜泥、菠菜碎自由组合，搓成球即可。

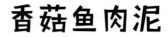

快乐成长好营养

山药口感绵软，可以为宝宝提供丰富的碳水化合物，同时富含钾，有助于宝宝心脏健康。

香菇鱼肉泥

营养食材 香菇 2 朵，鱼肉 100 克。

健康做法

1　鱼肉洗净，去皮去刺；香菇洗净，去蒂，切碎。

2　鱼肉和香菇碎分别装碗，入锅蒸熟。

3　取出，把鱼肉碾碎，将鱼肉碎和香菇碎混合在一起，拌匀即可。

快乐成长好营养

香菇中含有丰富的氨基酸、钙、铁等，鱼肉是优质蛋白质、DHA 的优质来源，二者搭配有助于调节宝宝免疫力。

红薯　猪肉
豆腐　小白菜

小白菜蛋黄粥

健康做法

1　大米淘洗干净，加适量水熬成粥。

2　小白菜洗净，切碎；熟蛋黄放入碗中碾碎。

3　将小白菜碎、蛋黄碎一起放入米粥中稍煮
　　即可。

快乐成长好营养 ☺

小白菜口感清新甜美，可以为宝宝提供钙、
磷、铁等矿物质、膳食纤维及多种维生素，是
宝宝成长的营养好食材。

营养食材

小白菜	40 克
熟蛋黄	1 个
大米	50 克

三彩豆腐羹

健康做法

1 油菜择洗干净，焯熟，切碎。

2 南瓜洗净后去皮去瓤，切块；土豆洗净，去皮，切块，和南瓜块一起放入蒸锅蒸熟，取出后分别捣成泥。

3 豆腐用清水冲一下，放入开水锅中煮 10 分钟捞出，沥水，用研磨碗压成末状，放入油菜碎、南瓜泥、土豆泥拌匀即可。

快乐成长好营养 ☺

豆腐中的卵磷脂和蛋白质能为宝宝大脑和神经发育提供营养，含有的钙有利于宝宝骨骼发育。

营养食材	
豆腐	30 克
油菜	1~2 棵
南瓜	50 克
土豆	50 克

红薯饼

健康做法

1 红薯洗净，去皮，切块，上锅蒸熟后用勺子碾压成泥。

2 面粉放入大碗中，倒凉白开搅拌成面糊，放入红薯泥继续搅拌均匀。

3 平底锅中倒少许植物油，在平底锅上放模具，油热后在模具内倒入一勺面糊，摊平摊薄，待面糊凝固后翻面，煎至两面全熟即可。

快乐成长好营养 ☺

红薯可以为宝宝提供丰富的碳水化合物，是主食的优质来源之一，还帮助宝宝补充钾、胡萝卜素等营养物质。同时，红薯富含膳食纤维，可促进宝宝肠胃蠕动，预防便秘。

营养食材

面粉	50 克
红薯	60 克

彩蔬猪肉丸子

营养食材

猪肉	50 克
菠菜	30 克
胡萝卜	30 克
水淀粉	适量

猪肉中维生素 B_1 的含量丰富,有助于帮助消化特别是碳水化合物的消化,还可帮助维持神经组织、肌肉、心脏正常活动,搭配蔬菜使营养更均衡。

健康做法

1 猪肉洗净,剁碎,加点植物油略搅。

2 菠菜择洗净,用热水焯烫一下,切碎;胡萝卜洗净,去皮,切碎。

3 将猪肉碎、菠菜碎、胡萝卜碎一起放入碗中,调入水淀粉,用打蛋器低速搅拌上劲。

4 取圆盘,把打好的蔬菜猪肉泥均匀地装入盘中,入蒸锅,水开后蒸 20~30 分钟。

5 取出,用圆形模具或者其他动物形状的模具切出各种形状。

花样创意 ✿

菠菜碎和胡萝卜碎也可以不和猪肉一起搅拌上劲儿,等猪肉装盘后,作为装饰点缀在上面,让切割出的模型更丰富多彩。蔬菜的搭配也不局限于菠菜、胡萝卜,家长发挥想象力,让宝宝的这款辅食不仅营养均衡,色彩也很丰富。

燕麦　鸡肝
豌豆　白萝卜

燕麦猪肝粥

营养食材

燕麦	35克
新鲜猪肝	50克

健康做法

1　燕麦去杂质洗净，放入锅内，加适量水煮熟至开花，捞出。

2　猪肝剔去筋膜后切片，用清水浸泡30~60分钟，中途勤换水。

3　泡好的猪肝用清水反复清洗，最后用热水再清洗一遍，放入蒸锅，水开后大火蒸20分钟左右。

4　把蒸好的猪肝放入碗中碾碎，和煮开花的燕麦一起放入小奶锅中，加适量水，中火熬煮成粥即可。

快乐成长好营养 ☺

燕麦含有丰富的维生素 B$_2$、维生素 E 以及磷、铁、钙等矿物质，促进宝宝生长，同时富含膳食纤维，有助于预防宝宝便秘。

鸡肝萝卜面

健康做法

1 鸡肝剔除筋膜，洗净，蒸熟，捣成泥。
2 白萝卜洗净，去皮，切碎。
3 将面条掰成小段，和白萝卜碎一起放入沸水锅中煮至软烂后捞出，放入鸡肝泥拌匀即可。

快乐成长好营养 ☺

鸡肝含铁丰富，是很好的补铁食物。白萝卜有促进消化、增强食欲的作用。

营养食材

鸡肝	30 克
白萝卜	50 克
面条	40 克

豌豆奶蓉

营养食材

豌豆	50 克
土豆	60 克
配方奶	10 克

健康做法

1　土豆洗净，去皮切丁；配方奶按标准对成奶液。
2　豌豆洗净和土豆丁一起放入沸水中煮至熟软，捞出，豌豆去皮。
3　将煮好的土豆丁和去皮的豌豆一起放入料理机中，倒入部分奶液，打成蓉。
4　把豌豆奶蓉倒入小奶锅中，再加入剩下的奶液，搅拌均匀，炖煮一会儿即可。

快乐成长好营养 ☺

豌豆富含赖氨酸、维生素 C 和膳食纤维，有助于调节宝宝免疫力。可能有的宝宝不太喜欢豌豆的豆腥味，所以加了配方奶做遮掩。如果宝宝适应性好，也可以加适量水搅拌。

花样创意 ⚙

豌豆奶蓉可以作为常备小零食，变换多种食材搭配。比如等宝宝 1 岁后，可以选择用酸奶或纯牛奶制奶蓉，还可以加草莓、火龙果做成各种水果奶蓉。

第4章

9 月龄来点面条，
小颗粒食物
提升咀嚼能力

轻松添加辅食攻略

食物可以粗糙点

这个时期，虽然有的宝宝已经长了好几颗牙，但仍然处于主要以牙龈咀嚼的细嚼期，不管长没长牙，让宝宝尝试啃咬质地不那么硬的食物都是帮助宝宝锻炼他的咀嚼能力。因此，辅食添加要过渡到小颗粒状。但是要注意，食物虽然可以粗糙一点，但还是要软一点，质地过硬的食物需要等宝宝大部分牙齿长出来后才行。

手抓食物吃得香

此阶段不用再把水果、蔬菜全部做成泥糊给宝宝吃，水果可以削掉果皮，切成小片让宝宝拿着自己啃；蔬菜可以做成小颗粒状添加到辅食中。宝宝自己拿着吃还能帮助锻炼小手的灵活性，为以后自己独立吃饭做准备。

适当增加粗纤维食物

芹菜、空心菜、韭菜等绿色蔬菜以及藕、萝卜、笋等根茎类蔬菜，都富含较粗的膳食纤维。建议此阶段逐一添加，锻炼宝宝咀嚼能力的同时也锻炼了肠胃功能。

培养宝宝细嚼慢咽好习惯

细嚼慢咽有助于食物的消化和营养的吸收利用，也有利于预防口腔问题、胃肠疾病的发生，因此从吃辅食开始就有意识地培养宝宝细嚼慢咽的好习惯，让宝宝受益一生。家长要以身作则，放慢吃饭速度，每口食物多咀嚼几次，让宝宝学着家长的示范来做。

妈妈们遇到的问题及应对

宝宝为什么总把食物吐出来？

随着宝宝接触的食物种类越来越多，他自己逐渐有了自己的"喜好"判断，不喜欢的就吐出来是很正常的反应。下面的这些情况宝宝可能会吐食物。

1. 偏酸或带点苦涩：这些食物与甜味食物搭配，中和宝宝不喜欢的味道。
2. 质地过于粗糙：做得细软一些。
3. 面条过长：将面条切短、切小。

宝宝喜欢吃虾，可以总给吗？

已经吃过鱼肉、蛋黄的宝宝，辅食中可以加入虾，但是仍然需要观察宝宝吃虾后是否有过敏反应。一般 100 克虾（约 3 只）中蛋白质的含量就超过一个完整鸡蛋的蛋白质含量，参照婴儿膳食宝塔建议：12 月龄前的宝宝每天可摄入 500~700 毫升奶类加一个或者半个蛋黄，或者一个全蛋加 25~75 克肉类，就基本可以满足宝宝一天对蛋白质的需求。因此，如果宝宝当天已经吃过一个蛋黄，只需再吃一只虾就可以了。而且，不宜每天都在辅食中添加虾，一周 2~3 次即可。

宝宝喜欢边吃边玩，怎么办？

从宝宝第一次吃辅食开始，就应该建立良好的饮食习惯，要让宝宝有一种仪式感。进餐时最好让宝宝在固定的场所、固定的时间坐在固定的餐椅上，给孩子戴上围嘴或穿上罩衣，把专用餐具摆上餐桌后再把辅食端上。让孩子熟悉这一整套的程序，让宝宝能够尽快投入到吃饭这件事上来。如果已经习惯边吃边玩，要及时纠正，不能心软。

宝宝一周辅食举例

母乳　配方奶

餐次 周次	第1餐 07:00	第2餐 10:00	第3餐 12:00	第4餐 15:00	第5餐 18:00	第6餐 21:00
周一	母乳 配方奶	母乳 配方奶	龙利鱼 软面 （P79）	母乳 配方奶	香菇鱼肉泥 （P64）	母乳 配方奶
周二	母乳 配方奶	母乳 配方奶	火龙果 山药泥 （P80）	母乳 配方奶	红薯饼 （P67）	母乳 配方奶
周三	母乳 配方奶	母乳 配方奶	生菜鸡肉粥 （P81）	母乳 配方奶	豌豆奶蓉 （P72）	母乳 配方奶
周四	母乳 配方奶	母乳 配方奶	苋菜面 （P82）	母乳 配方奶	火龙果山药泥 （P80）	母乳 配方奶
周五	母乳 配方奶	母乳 配方奶	丝瓜鱼泥 小米粥 （P86）	母乳 配方奶	海苔豆腐羹 （P87）	母乳 配方奶
周六	母乳 配方奶	母乳 配方奶	紫薯蛋黄羹 （P87）	母乳 配方奶	冬瓜玉米羹 （P90）	母乳 配方奶
周日	母乳 配方奶	母乳 配方奶	鲜虾小馄饨 （P88）	母乳 配方奶	猕猴桃甜汤 （P91）	母乳 配方奶

茄子　龙利鱼
生菜　火龙果

龙利鱼软面

健康做法

1　龙利鱼洗净，切丁，加淀粉静置一会儿；
　　菠菜择洗干净，切碎。

2　平底锅中刷薄薄的一层植物油，倒入龙利
　　鱼丁煸炒至五成熟，盛出备用。

3　换锅加适量水煮沸，把面条折成小段后放
　　入锅中，待面条煮沸后放入龙利鱼丁转中
　　火煮 5 分钟，加菠菜碎略煮即可。

快乐成长好营养 ☺

龙利鱼作为海鱼类含有丰富的不饱和脂肪酸，
有助于增强记忆力，保护眼睛。

营养食材

面条	80 克
龙利鱼	60 克
菠菜	2 棵

火龙果山药泥

营养食材　小火龙果 1/4 个，山药 40 克。
健康做法

1　火龙果去皮，取果肉，切成丁；山药洗净，去皮，切块，蒸熟。
2　将蒸熟的山药放入碗中，加适量温水，压碎搅匀，加入火龙果丁拌匀即可。

快乐成长好营养 ☺
火龙果中含有丰富的维生素和膳食纤维，有助于保护宝宝的视力，促进排便。

茄泥

营养食材　茄子 70 克，核桃油少许。
健康做法

1　茄子洗净，去皮，切成细条，隔水蒸10 分钟左右。
2　将蒸熟的茄子放入料理机，加几滴核桃油搅拌成泥即可。

快乐成长好营养 ☺
茄子可以为宝宝提供钙、烟酸、膳食纤维等营养素，蒸熟后口感细腻，非常适合宝宝。

生菜鸡肉粥

健康做法

1. 生菜择洗干净，切碎；鸡肉洗净，切碎；大米淘洗干净。
2. 将大米放入锅中，滴入几滴植物油，加适量水熬粥至熟，放入生菜碎、鸡肉碎，煮熟即可。

快乐成长好营养 ☺

生菜中含有丰富的维生素 C，可以增强宝宝的抵抗力；生菜含有的膳食纤维，有助于宝宝消化吸收，预防便秘；生菜还含有甘露醇成分，有利尿功效。

营养食材

生菜	1 棵
鸡肉	30 克
大米	20 克

苋菜面

健康做法

1　苋菜择洗干净，切小段；玉米粒洗净后煮熟，用料理机打成玉米泥备用。

2　将细面条、苋菜段入沸水锅中煮至熟烂后盛出，倒入玉米泥搅拌均匀即可。

快乐成长好营养 ☺

苋菜中铁、钙的含量比较丰富，为鲜蔬菜中的佼佼者，有助于促进宝宝成长。

营养食材

细面条	200 克
苋菜	150 克
玉米粒	20 克

口蘑绿豆粥

健康做法

1. 绿豆、大米淘洗干净，分别用清水浸泡30~60分钟；口蘑洗净，去蒂，切丁。

2. 将泡好的绿豆、大米和口蘑丁一起放入锅中，加适量清水煮至绿豆、大米软烂即可。

快乐成长好营养 😊

绿豆可以为宝宝提供丰富的碳水化合物、膳食纤维、钾、镁等，和大米搭配，属于粗细粮搭配，营养均衡。口蘑中所含有的固醇类可以转化成维生素D，可促进钙吸收；而且口蘑含有较多的微量元素硒，能够有效调节宝宝免疫力。

营养食材

口蘑	1个
绿豆	30克
大米	20克

清新鸭丝面

营养食材

面粉	300 克
菠菜	80 克
鸭肉	30 克
小番茄	3 个
小白菜	1 棵
香菇	1 朵

快乐成长好营养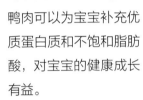

鸭肉可以为宝宝补充优质蛋白质和不饱和脂肪酸，对宝宝的健康成长有益。

花样创意

菠菜还可以换成胡萝卜、南瓜、红心火龙果，榨汁后都可以用来做彩色的面条，颜色丰富的食物能增加宝宝吃饭的乐趣。

健康做法

1 菠菜择洗干净，只取叶子，焯水后放入料理机打成糊。

2 将面粉倒入大碗中，加植物油和菠菜糊搅拌均匀，揉成面团，用保鲜膜覆盖，静置15分钟。

3 鸭肉洗净，切丝；小番茄洗净，切碎；小白菜择洗干净，切碎；香菇洗净，去蒂，切碎。

4 锅中加适量清水烧开，放入鸭丝和香菇碎焯熟。

5 将醒好的面团擀成薄厚均匀的面片，再切成粗细均匀的面条。

6 另取锅，加适量清水煮沸后下面条、鸭丝、香菇碎，再次煮沸后转小火再放入小白菜碎、番茄碎煮至面条熟烂即可。

紫薯　海苔
丝瓜　虾

丝瓜鱼泥小米粥

健康做法

1　丝瓜洗净，去皮去瓤，切丝；鱼肉去刺，
　　切碎；小米淘洗干净。

2　锅中加适量清水煮沸后放入小米，再次
　　煮沸后加入丝瓜丝和鱼肉碎，煮至小米
　　粥熟即可。

快乐成长好营养 ☺

丝瓜中 B 族维生素等含量高，有利于宝宝大脑
发育，还可以为宝宝补充丰富的维生素 C。

营养食材	
丝瓜	30 克
鱼肉	30 克
小米	50 克

紫薯蛋黄羹

营养食材 小紫薯2个，鸡蛋1个。

健康做法

1 紫薯洗净，去皮，切块后蒸熟；
   鸡蛋洗净，煮熟，取蛋黄。
2 将蒸熟的紫薯块和蛋黄一起放入
   料理机中，加适量白开水，打成
   泥即可。

快乐成长好营养

紫薯除了具有普通红薯的营养成分外，
还富含硒和花青素，有助于提高宝宝
的抵抗力。

海苔豆腐羹

营养食材 海苔10克，豆腐30克，胡
萝卜20克。

健康做法

1 豆腐略洗，切丁；胡萝卜洗净，
   去皮，切丁。
2 锅中加适量水放入胡萝卜丁煮软，
   再放入豆腐丁，淋上植物油煮至
   豆腐熟，撕碎海苔放入锅中，煮
   软即可。

快乐成长好营养

海苔含碘丰富，是宝宝补碘的良好食物
来源，同时海苔中含有钾、钙、镁、磷
等矿物质，能促进宝宝骨骼发育。

鲜虾小馄饨

健康做法

1　大虾洗净，剥出虾肉，去虾线，切碎；胡萝卜洗净，去皮，切碎。

2　将切碎的虾肉和胡萝卜碎放入碗中，加少许香油搅拌均匀，包入馄饨皮中。

3　锅中加水煮沸后下入小馄饨，浮起煮熟即可。

快乐成长好营养 ☺

虾肉质鲜美，含有较多的钙、磷、钾、锌、硒，能为宝宝发育提供非常重要的营养基础。

营养食材

大虾	6个
胡萝卜	50克
馄饨皮	适量
香油	适量

牛肉　　冬瓜
猕猴桃　核桃

牛肉胡萝卜粥

健康做法

1　牛肉洗净，切碎，用沸水焯一下；胡萝卜洗净，去皮，切丁。
2　大米淘洗干净，加适量水煮成粥，加入牛肉碎、胡萝卜丁一起煮熟即可。

快乐成长好营养 😊

牛肉中肌氨酸含量高，对肌肉增长、增强力量特别有效，而且牛肉富含维生素 B_6 和锌、镁，可调节免疫力。

营养食材

牛肉	20克
胡萝卜	40克
大米	30克

冬瓜玉米羹

健康做法

1　冬瓜洗净，去皮去瓤，切丁；鸡蛋取蛋黄，打散。

2　豌豆和玉米粒洗净后放入锅中，加清水煮软后盛出，捣碎。

3　另起锅，将冬瓜丁连同捣碎的豌豆、玉米粒一起放入锅中，加适量清水烧开煮至冬瓜熟软，淋上蛋黄液，搅拌成蛋花，烧开即可。

快乐成长好营养 ☺

冬瓜含水丰富，还利尿，促进新陈代谢，也能为宝宝提供身体所需的维生素 C、膳食纤维等营养素。

营养食材	
冬瓜	30 克
玉米粒	30 克
鸡蛋	1 个
豌豆	20 克

核桃红豆豆浆

营养食材 核桃 2 个，红豆 50 克。

健康做法

1. 核桃取核桃仁；红豆洗净，用清水浸泡一晚。
2. 将核桃仁和泡好的红豆一起放入豆浆机中，加适量清水打成豆浆即可。

快乐成长好营养 (◡‿◡)

核桃富含亚油酸和 α – 亚麻酸、蛋白质、铜、钾、镁、磷、叶酸、维生素 B_1、维生素 B_2 等，具有补脑、健脑的作用。

猕猴桃甜汤

营养食材 猕猴桃、苹果、梨各半个。

健康做法

1. 苹果、梨洗净，去皮、核，切小块，放入锅中，加没过食材的水，煮软。
2. 猕猴桃去皮，果肉切块放入锅中，煮 2~3 分钟即可。

快乐成长好营养 (◡‿◡)

猕猴桃中含有丰富的维生素 C，有助于促进铁吸收，调节免疫力。

第 5 章

10 月龄自己用勺子吃，
慢慢向大颗粒过渡

轻松添加辅食攻略

过渡到大颗粒，可以尝试软米饭了

虽然大多数宝宝在这个时期还处于牙龈磨碎食物的阶段，但是食物质地应该从小颗粒过渡到大颗粒了，可以尝试添加软米饭，不用再做成粥糊或者粥羹了。这个阶段，还可以给宝宝香蕉块、苹果块、煮熟的土豆块和胡萝卜块等，让他自己咬着吃。

辅食制作尽量多变换花样

宝宝吃饭越来越主动，想要抓起勺子自己吃，这是逐步建立良好饮食习惯的过程。所以，让宝宝保持吃饭的兴趣很重要，这就需要家长在制作辅食的时候从造型、颜色等方面多变换花样。

研究显示，宝宝喜欢直接和强烈的颜色对比，比如红、绿等鲜艳的颜色，建议利用食物天然的颜色进行搭配，南瓜、彩椒、紫薯、菠菜等可以作为厨房常备"杀手锏"。关于食物的造型，就比较考验家长的心灵手巧了。其实，不擅长做造型的家长也不用发愁，现在很方便就能买到各种造型的模具，直接用就好了。

摄入富含铁、锌的食物

随着宝宝的成长，对铁和锌的需求逐渐增加，母乳中铁、锌含量明显不能满足宝宝需求，宝宝需要从辅食中获取一定的铁、锌作为补充。

富含铁食物来源：动物肝脏、红肉、虾、海带、木耳、芝麻等。

富含锌食物来源：牡蛎、鱼肉、猪肝、牛肉、豆类、花生等。

妈妈们遇到的问题及应对

宝宝抗拒使用勺子怎么办？

帮助宝宝学会用勺子是让他学会自己吃饭的第一步。刚开始的时候，宝宝可能只是在"玩勺子"，拿着勺子挥舞、用勺子对着食物戳来戳去，家长通常认为这是宝宝不好好吃饭，马上阻止。其实，他只是在感受吃饭的乐趣，不建议阻止。事实上，宝宝的很多能力都是在游戏中建立的。所以，引导宝宝使用勺子才是关键。

首先，家长要和宝宝一起用勺子吃饭，这就是最初的"模仿"，如果在吃饭的过程中宝宝对你手中的勺子感兴趣，想要抢，就给他，即使他拿着两把勺子也没有关系。接着，家长需要做"好吃"的示范——用夸张的动作和表情向宝宝演示怎么用勺子舀取食物、放入口中、咀嚼——动作要慢，让宝宝看清楚，这是锻炼宝宝手眼协调的关键步骤。

在宝宝学习吃饭的过程中肯定会出现到处都是食物情况，可以说是一片狼藉。建议尽量给宝宝提供方便舀取、不易撒的食物，软米饭、稠粥、小面头等都是不错的选择。另外，家长要有耐心，尽量减少喂食的次数，尊重宝宝学习吃饭的意愿。

宝宝一周辅食举例

母乳　配方奶

餐次 周次	第1餐 07:00	第2餐 10:00	第3餐 12:00	第4餐 15:00	第5餐 18:00	第6餐 21:00
周一	母乳/配方奶	母乳/配方奶	芦笋香菇羹 （P100）	母乳/配方奶	海带排骨汤 （P103）	母乳/配方奶
周二	母乳/配方奶	母乳/配方奶	红豆黑米粥 （P101）	母乳/配方奶	香桃果泥 （P106）	母乳/配方奶
周三	母乳/配方奶	母乳/配方奶	海带排骨汤 （P103）	母乳/配方奶	红豆黑米粥 （P101）	母乳/配方奶
周四	母乳/配方奶	母乳/配方奶	薏米黄瓜 红薯饭 （P106）	母乳/配方奶	香橙小煎饼 （P111）	母乳/配方奶
周五	母乳/配方奶	母乳/配方奶	莴笋鱼丸 （P107）	母乳/配方奶	番茄巴沙鱼 （P108）	母乳/配方奶
周六	母乳/配方奶	母乳/配方奶	紫菜鸡蛋饼 （P110）	母乳/配方奶	木耳三彩虾球 （P98）	母乳/配方奶
周日	母乳/配方奶	母乳/配方奶	香橙小煎饼 （P111）	母乳/配方奶	芦笋香菇羹 （P100）	母乳/配方奶

双豆粥

营养食材　红豆30克，绿豆10克，大米40克。

健康做法

1　红豆洗净后，提前用清水浸泡一晚；绿豆洗净，用清水泡30分钟。

2　大米淘洗干净，连同红豆、绿豆一起放入锅中，加适量清水煮至粥稠烂即可。

快乐成长好营养 :)

红豆属于杂粮类，可以为宝宝提供成长需要的碳水化合物、B族维生素、钾、镁、铁等营养成分；红豆还含有一定量的膳食纤维，有助于促进宝宝肠道蠕动。

牛油果酱

营养食材　牛油果1个。

健康做法

1　牛油果去壳、去核，挖出果肉，切成小块。

2　放入料理机，加少量水打成泥即可。

快乐成长好营养 :)

牛油果富含多种维生素、钠、钾、镁、钙等，不饱和脂肪酸含量占其脂肪含量的80%，是非常好的辅食食材。

木耳三彩虾球

健康做法

1 鲜虾洗净，去掉虾线，取虾仁放入料理机中打成泥。
2 水发木耳洗净，去掉硬梗；小番茄洗净，对半切开；西蓝花洗净，去掉硬梗；三者分别放入料理机中打成泥。
3 将虾肉泥分成三份，分别与木耳泥、小番茄泥、西蓝花泥加适量面粉搅拌上劲。
4 准备一锅清水烧开，然后双手洗净，沾水，从虎口处挤出一个个虾球放入开水中，转小火保持微沸，煮至虾球变白浮起，捞出即可。

快乐成长好营养 ☺

木耳营养丰富，可以为宝宝成长提供维生素 B_1、维生素 B_2、烟酸等；木耳含的膳食纤维能够帮助促进肠道蠕动，促进排便。

营养食材

鲜虾	6 只
水发木耳	4 朵
小番茄	3 个
西蓝花	3 朵
面粉	适量

三色饭

健康做法

1 紫甘蓝洗净，切碎；大米淘洗干净，连同
  紫甘蓝一起煮成软米饭。

2 南瓜洗净，去皮去瓤，切小块，用清水煮
  至熟软。

3 豌豆洗净，煮熟软，去皮后放在碗中。

4 将紫甘蓝软米饭、南瓜块、豌豆碎一起摆
  盘即可。

快乐成长好营养 ☺

紫甘蓝含有丰富的维生素 C、花青素等，有利
于宝宝成长。

营养食材

紫甘蓝	10 克
南瓜	20 克
豌豆	15 克
大米	50 克

芦笋香菇羹

营养食材

芦笋	2根
香菇	3朵

健康做法

1　芦笋、香菇洗净，切碎，分别放入沸水中焯熟。

2　平底锅中刷少许植物油，烧热后放入芦笋碎、香菇碎，煸炒一会儿盛出。

3　炒好的芦笋碎、香菇碎放入锅中，加适量清水，煮软即可。

快乐成长好营养 ☺

芦笋鲜美芳香，叶酸、钾含量丰富，能增进食欲，促进消化。

红豆黑米粥

健康做法

1　黑米、红豆洗净，分别提前用清水浸泡一晚。

2　大米浸泡 30 分钟，淘洗干净；南瓜洗净，
　　去皮去瓤，洗净后切小块。

3　将大米和泡好的黑米、红豆一起放入锅中，
　　加适量清水煮至粥稠，再放入南瓜块煮软
　　即可。

快乐成长好营养 ☺

黑米含有丰富的花青素，有抗氧化作用，而且
粗细粮搭配，营养丰富。但是宝宝不宜食用过
多杂粮，以免影响铁、锌等矿物质吸收。

营养食材	
黑米	20 克
红豆	20 克
南瓜	20 克
大米	10 克

菠菜猪血面

健康做法

1 猪血洗净，用沸水焯烫片刻，捞出后切成
  小块；菠菜择洗干净，用沸水焯烫后切碎。

2 锅中加适量水，水开后放入面条煮软，放
  入猪血块，小火煮至面熟，放入菠菜碎略
  煮片刻，滴两滴香油即可。

快乐成长好营养 ☺

猪血是比较好的补铁食物，但是给宝宝吃要适
量，一周 1~2 次即可。

营养食材

猪血	30 克
菠菜	3 棵
面条	50 克
香油	适量

海带排骨汤

健康做法

1　鲜海带需要反复冲洗，用清水浸泡 30~60 分钟，切段。

2　猪肋排切段，洗净后用沸水焯烫，再用清水洗净浮沫。

3　将排骨段和海带段一起放入锅中，加没过食材的水，大火煮沸后转中火煮 60 分钟即可。

快乐成长好营养 😊

海带里面含有丰富的碘，以及多种人体所需的矿物质，宝宝食用有预防甲状腺疾病，调节免疫力等功效。

营养食材

鲜海带	20 克
猪肋排	1 根

三文鱼肉松

营养食材

三文鱼	500 克
柠檬	1/2 个

健康做法

1. 三文鱼洗净后切薄片，装盘；柠檬洗净，挤出柠檬汁淋在三文鱼片上，腌制 15 分钟。
2. 取平底锅放入植物油后烧热，放入三文鱼片煎至两面金黄。
3. 凉凉后装入食品密封袋中。
4. 用擀面杖隔着食品袋将三文鱼片碾碎。
5. 把碾碎的三文鱼再放入锅中炒至干，然后放入料理机中打碎，凉凉后装罐密封。

快乐成长好营养 ☺

三文鱼富含 DHA，有强脑、健脑的功效，被誉为"大脑的保护神"。

花样创意 ✿

有的家长想偷个懒，不想做成鱼松，最简单的就是清蒸三文鱼了。三文鱼切大块，放在盘子里，撒少许姜丝，淋上柠檬汁或者橙汁，大火蒸 10 分钟即可。

薏米黄瓜红薯饭

营养食材 薏米、黄瓜、红薯各20克,大米30克。

健康做法

1 薏米、大米淘洗干净,用清水浸泡1小时;南瓜洗净,去皮去瓤,切小块;红薯洗净,去皮,切小块。

2 将泡好的薏米、大米连同红薯块、黄瓜块一起放入电饭煲中,加适量水煮成软米饭即可。

快乐成长好营养 ☺

薏米含有丰富的B族维生素、矿物质、膳食纤维等,是一种营养丰富的谷物,能起到健脾开胃的作用。黄瓜可以为宝宝提供一定量的维生素C,口感清甜。

香桃果泥

营养食材 桃子半个,香蕉半根。

健康做法

1 桃子洗净,去皮,切小块。

2 香蕉放入料理机中打成泥,盛出,加入桃子块,搅拌下即可。

快乐成长好营养 ☺

桃子中膳食纤维含量丰富,有助于预防宝宝便秘。桃子清香、香蕉甘甜,香桃果泥是一款很好的辅食小甜品。

紫菜　橙子
莴笋　巴沙鱼

莴笋鱼丸

营养食材

鱼肉泥	50克
莴笋	30克
淀粉	适量

健康做法

1　莴笋去皮，洗净，切碎。

2　取多一半莴笋碎，放入鱼肉泥中，再加入一部分淀粉搅拌均匀，做成丸子，装盘入蒸锅隔水蒸熟；另一部分淀粉做成水淀粉。

3　将剩下的莴笋碎放入小锅中，加略没过食材的水煮熟，调入对好的水淀粉勾芡，浇在蒸熟的鱼丸上即可。

快乐成长好营养 😊

莴笋味道清新，但略带苦味，可刺激消化酶分泌，增进宝宝的食欲；莴笋富含多种维生素、铁、钙、磷、氟等营养素，有助于宝宝强身健体。

番茄巴沙鱼

营养食材

巴沙鱼	70克
番茄	30克
姜	适量
葱	适量

健康做法

1 葱、姜洗净，葱切段，姜切丝。

2 将巴沙鱼解冻后，用厨房纸巾擦去水分，切成小块，加姜丝、葱段腌渍10分钟，取出姜丝和葱段。

3 番茄顶上划"十"字，放在沸水中烫一下，去皮，切小块。

4 锅内倒油烧热，放入番茄翻炒出汁，加适量水煮沸，倒入巴沙鱼，煮5分钟，大火收汁即可出锅。

快乐成长好营养 ☺

巴沙鱼含一定量的 DHA 和 EPA，还含有丰富的卵磷脂，有助于提高宝宝记忆力。

花样创意 ❀

宝宝1岁以后可以做一个升级版的金汤鱼片，加入虾仁、木耳，有补益大脑、润肠通便的作用。

温馨叮嘱

一般从超市买的巴沙鱼是冷冻的。可以打开包装，取出巴沙鱼，放流水下冲洗，去掉表面的冰霜，然后从中间切开，放入盘中，常温下慢慢解冻即可。

紫菜鸡蛋饼

健康做法

1 紫菜洗净，撕碎，用清水略泡软。

2 鸡蛋取蛋黄在碗中打散，调匀，加入面粉、
  紫菜碎搅拌均匀，成糊。

3 油锅烧热，舀一大勺面糊倒入锅中，摊均
  匀，两面煎熟，出锅切块即可。

快乐成长好营养 ☺

紫菜富含碘，是宝宝补碘的好食材。适当利用
紫菜做辅食，有助于预防宝宝缺碘。

温馨叮嘱
在面糊中加点小葱花调味，色彩
丰富一些，宝宝更愿意接受。

营养食材	
鸡蛋	1个
紫菜	2克
面粉	30克

温馨叮嘱
橙皮圈切 5 毫米宽左右即可，
倒入的面糊略低于橙皮圈。

香橙小煎饼

健康做法

1　橙子洗净，切成圆片，去子，挖出果肉，
用料理机打成泥糊。

2　低筋面粉放入碗中，将打好的橙子泥糊连
同汁水一起倒入面粉中，加适量清水搅拌
成均匀的稠糊。

3　平底锅刷油，放入橙子皮圈，将面糊倒入
圈中，面糊固定后翻面，反复翻面至煎熟
即可。

快乐成长好营养 ☺

橙子富含维生素 C，能开胃、促食欲。

营养食材

橙子	1 个
低筋面粉	适量

第6章

11月龄颗粒大点也不怕，宝宝饭量增大啦

轻松添加辅食攻略

颗粒可以再大一点

　　11 月龄的宝宝主要是用牙齿咀嚼，所以添加的辅食颗粒再大一点也不怕，比如可以给宝宝馒头片，让他自己咬着吃，这样也是为了锻炼宝宝的咀嚼能力。

辅食仍然要注重食材选择

　　虽然 11 月龄宝宝饮食跟成人饮食越来越接近，但是并不意味着可以随意选择食材。盐、糖等调料，还有蜂蜜，还不能让宝宝尝试，建议宝宝 12 月龄后再添加。

晚间辅食向正餐过渡，夜奶减量减次

　　宝宝接近 12 月龄的时候可以着手减少夜间的奶量和喂奶次数，而不是 12 月龄后突然断夜奶。断夜奶不是断奶，仍然需要给宝宝喝奶，可以推迟临睡前喝奶的时间，而且每天奶量需要保持在 600 毫升。

　　因此，需要缓慢减量以及减少喂奶次数，来帮助宝宝进行过渡。晚间的辅食也需要逐渐过渡到正常的饭，如粥、面条、馄饨等。这时候水果可作为下午加餐食用。

妈妈们遇到的问题及应对

加工食品吃不吃?

宝宝吃的第一口辅食婴儿米粉、磨牙期专门吃的磨牙饼干都属于加工食品,可见并不是绝对不给宝宝吃加工食品,但是要有选择。怎么选择呢? 那就要看配料表,配料表中的配料越简单越接近原始食材越健康。反之,配料表中添加的成分越多越不好,膨化、油炸、过多糖盐的加工食品要杜绝。

另外,能给宝宝做尽量亲手做,比如磨牙饼干就可以做出很多种口味,又避免加入添加剂。

要不要追着喂饭?

宝宝在学会走路后可能会减少对食物的兴趣,出现边跑边吃,或者只顾着玩儿不想吃饭的情况,此时有的家长会端着饭追在宝宝后面喂,这是不可取的。从小给宝宝培养良好的饮食习惯很重要,不仅是为了让宝宝充分消化吸收吃进去的食物,更是一种行为教养,有利于健康成长。

因此,需要给宝宝准备固定的就餐座位,过了吃饭时间就收走餐具,再想吃只能等下一餐,几次后宝宝就有了规律吃饭的意识,能帮助他养成良好的饮食习惯。

只给宝宝喝白开水就可以吗?

因为母乳中80%~90%的成分是水,新生儿不需要额外喂水。6月龄后,随着辅食的添加、喂奶量逐渐减少,肾功能逐渐健全,宝宝需要额外补充水分。白开水是最好的选择。

宝宝是否缺水可以通过尿液观察

1. 看排尿次数。3岁以下的宝宝,每天排尿的次数是6~8次,如果宝宝的排尿次数少于6次,表示宝宝身体缺水,需要补水。
2. 看尿液颜色。如果宝宝尿液是无色或浅黄色,说明不缺水。如果尿液颜色为深黄色,甚至是红色,则表示宝宝应该补水。

宝宝一周辅食举例

餐次 周次	第1餐 07:00	第2餐 10:00	第3餐 12:00	第4餐 15:00	第5餐 18:00	第6餐 21:00
周一	平菇 蔬菜粥 （P118）	母乳/配方奶	什锦烩饭 （P117）	母乳/配方奶 + 水果	哈密瓜水果粥 （P118）	母乳/配方奶
周二	紫菜 鸡蛋饼 （P110）	母乳/配方奶	空心菜 蛋黄粥 （P121）	母乳/配方奶 + 水果	牡蛎疙瘩汤 （P122）	母乳/配方奶
周三	菠菜 猪血面 （P102）	母乳/配方奶	白萝卜 虾蓉饺 （P119）	母乳/配方奶 + 水果	平菇蔬菜粥 （P118）	母乳/配方奶
周四	红豆 黑米粥 （P101）	母乳/配方奶	豆芽 丸子汤 （P120）	母乳/配方奶 + 水果	红枣南瓜发糕 （P124）	母乳/配方奶
周五	鲜虾 小馄饨 （P88）	母乳/配方奶	什锦烩饭 （P117）	母乳/配方奶 + 水果	鸡丝炒茼蒿 （P124）	母乳/配方奶
周六	菠菜 猪血面 （P102）	母乳/配方奶	平菇蔬菜粥 （P118）	母乳/配方奶 + 水果	鲅鱼饺子 （P126）	母乳/配方奶
周日	丝瓜鱼泥 小米粥 （P86）	母乳/配方奶	豇豆肉末面 （P123）	母乳/配方奶 + 水果	红豆南瓜 银耳羹 （P125）	母乳/配方奶

栗子　芹菜
平菇　哈密瓜

什锦烩饭

健康做法

1　熟栗子去壳，取肉，切丁；虾仁洗净，切丁；香菇洗净，去蒂，切丁；豌豆、玉米粒洗净。

2　将香菇丁、豌豆和玉米粒用沸水焯熟，捞出沥干；油锅烧热后连同栗子丁、虾仁丁一起放入锅中炒出香味。

3　锅中加少量水，倒入软米饭，加香菇丁、豌豆和玉米粒翻炒均匀即可。

快乐成长好营养 ☺

栗子和豌豆中含有较多的碳水化合物，可以为宝宝补充热量。同时栗子和豌豆中蛋白质、B族维生素、膳食纤维的含量都比较高。两者搭配起来可以为宝宝提供更多样的营养。

营养食材	
软米饭	半碗
虾仁	30克
香菇	2朵
熟栗子	30克
豌豆	10克
玉米粒	10克

平菇蔬菜粥

营养食材　大米 30 克，平菇 1 大片，芹菜、胡萝卜、玉米粒各适量。

健康做法

1　平菇洗净，撕成小片；大米浸泡 30 分钟，淘洗干净。

2　取适量芹菜、胡萝卜、芹菜洗净，切丁；胡萝卜洗净，去皮，切丁；玉米粒洗净。

3　锅中加适量水，将大米、平菇片、芹菜丁、胡萝卜丁、玉米粒一起放入锅中熬煮成粥即可。

快乐成长好营养 ☺

平菇含的多糖有助于宝宝增强体质。

哈密瓜水果粥

营养食材　哈密瓜 1 小块，香蕉半根，苹果 1/4 个，蓝莓 3 颗，大米 50 克。

健康做法

1　大米浸泡 30 分钟，淘洗干净；哈密瓜去皮去子，取肉切小块；香蕉去皮切片；苹果洗净，去皮去核，切小块；蓝莓洗净。

2　先将大米煮成粥，熟时加入哈密瓜块、苹果块煮软，再加入香蕉片和蓝莓，略煮即可。

快乐成长好营养 ☺

香蕉中含钾丰富，有助于保护心脏。各种水果搭配不仅口感丰富，营养也丰富。

白萝卜虾蓉饺

健康做法

1 白萝卜去皮，洗净，切丝；虾去皮去虾线，洗净，切碎。

2 将白萝卜丝和虾肉放入碗中，倒入少许植物油拌匀，包入饺子皮中。

3 锅中加水大火烧开，放入饺子煮熟即可。

快乐成长好营养 ☺

白萝卜和虾一起做成馅可以淡化白萝卜独特的气味，避免宝宝初次尝试不接受。白萝卜有促进消化，增强食欲的作用。

营养食材

白萝卜	50克
虾	3只
饺子皮	适量

豆芽丸子汤

健康做法

1　猪里脊肉洗净，剁成肉泥，加水淀粉，用
　　筷子顺着一个方向搅上劲；豆芽洗净。

2　锅中加适量清水，烧开后，用勺子舀出一
　　个个丸子放入锅中，再开锅后转小火煮熟。

3　再放入豆芽，煮熟即可。

快乐成长好营养 ☺

豆芽含有膳食纤维，有助于预防宝宝便秘。

营养食材

豆芽	40克
猪里脊肉	150克
水淀粉	少许

葡萄汁

营养食材 葡萄 300 克。

健康做法

1 葡萄洗净，去皮去子，放入榨汁机中，倒入温水。

2 汁榨好后用纱网过滤即可。

快乐成长好营养 😊

葡萄味美多汁，可以起到开胃和助消化的作用。

空心菜蛋黄粥

营养食材 大米 50 克，空心菜 2 棵，熟蛋黄 1 个。

健康做法

1 空心菜择洗干净，切碎；蛋黄放入碗中碾碎。

2 大米淘洗干净，加适量水熬粥至熟，放入空心菜碎和蛋黄碎拌匀，略煮一会儿即可。

快乐成长好营养 😊

空心菜可以为宝宝提供维生素 C、烟酸等营养素，增强体质，促进成长。多吃蔬菜有助于均衡营养，减少偏食挑食。

牡蛎疙瘩汤

健康做法

1. 菠菜和紫甘蓝择洗干净，用沸水焯熟，然后分别放入料理机中加适量温水，打成浓稠的蔬菜汁，装在两个碗中备用。

2. 牡蛎去掉内脏，用清水反复清洗，略切。

3. 将面粉分成三份，其中两份分别加入紫甘蓝汁和菠菜汁，另一份加适量水搅拌成三份面糊。

4. 锅中加水烧开后，将面糊用漏勺滴入锅中，倒入牡蛎肉，面糊在锅中凝结成小面疙瘩，煮至熟透即可。

快乐成长好营养 ☺

牡蛎有"海底牛奶"的美称，可以为宝宝提供丰富的钙、磷、铁、锌等多种矿物质。

营养食材

牡蛎	3 个
面粉	300 克
紫甘蓝	40 克
菠菜	40 克

豇豆肉末面

健康做法

1　猪里脊肉洗净，剁成肉糜；豇豆择洗干净，沸水焯熟后切丁；鸡蛋取蛋黄，打散，煎成蛋饼，切碎。

2　锅中加植物油，烧热后下猪肉糜翻炒至变色，放入豇豆丁和鸡蛋碎，翻炒片刻，肉酱就做好了。

3　将面条用水煮软后盛出，加适量豇豆肉末与面条拌匀即可。

快乐成长好营养 ☺

豇豆中含有的维生素 B_1，有助于促进胃肠道蠕动，可帮助消化，增进食欲。

营养食材

猪里脊肉	300 克
鸡蛋	1 个
豇豆	30 克
面条	适量

红枣南瓜发糕

营养食材 南瓜200克，红枣2枚，面粉200克，葡萄干、发酵粉各少许。

健康做法

1 南瓜洗净，去皮去瓤，蒸熟后捣成南瓜泥，凉凉后加入面粉和发酵粉揉成面团，发酵；红枣洗净，去核去皮切碎；葡萄干洗净。

2 面团发至两三倍大时，加入红枣碎、葡萄干，上锅蒸25分钟，凉凉后切小块。

快乐成长好营养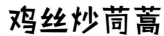

红枣有健脾养胃的作用，甜甜的口感可促进宝宝食欲。

鸡丝炒茼蒿

营养食材 茼蒿100克，鸡胸肉60克。

健康做法

1 茼蒿掐去老茎，洗净，切段；鸡胸肉洗净，切丝。

2 锅中放油，烧热后倒入鸡丝，炒至变色，再放入茼蒿段一起炒熟即可。

快乐成长好营养 ☺

茼蒿中含有特殊香味的挥发油，有助于宝宝消食、开胃。

红豆南瓜银耳羹

营养食材

泡发银耳	3 朵
红豆	20 克
南瓜	50 克

健康做法

1　将泡发的银耳用清水洗净，撕成小朵；红豆洗净，用清水浸泡一晚；南瓜洗净，去皮去瓤，切小块。

2　将银耳和泡好的红豆放入锅中，加稍微没过食材的清水，盖上盖子后大火烧开转中火煮1小时，放入南瓜块煮至南瓜软即可。

快乐成长好营养 :-)

银耳富含可溶性膳食纤维，对于宝宝胃肠道的调理多有益处。银耳中的多糖类物质对增强宝宝抵抗力有一定帮助。

鲅鱼饺子

健康做法

1　胡萝卜和芦笋分别去皮，洗净，切丁。

2　鲅鱼肉洗净，切碎，加少许香油，倒入胡
　　萝卜丁和芦笋丁搅拌均匀，做成饺子馅。

3　将馅料放在饺子皮上，包成饺子。

4　取锅加水，水开后下入饺子，煮熟即可。

快乐成长好营养 😊

鲅鱼的鱼肉肥厚，肉多刺少，很适合宝宝食
用。宝宝吃鲅鱼能够促进智力发育，还有保护
视力的作用。

营养食材

鲅鱼肉	50克
芦笋	3根
胡萝卜	半根
饺子皮	适量

肉末蒸笋

营养食材　竹笋1根，猪里脊肉30克。

健康做法

1　竹笋剥除硬壳，洗净，笋肉切丁，用
　　沸水焯软。

2　猪里脊肉洗净后切末。

3　将竹笋丁和猪肉末拌匀，上锅隔水蒸
　　熟即可。

快乐成长好营养

竹笋味道鲜美，可以为宝宝提供丰富的矿
物质。

橘子汁

营养食材　橘子2个。

健康做法

1　橘子去皮，剥出橘子果肉，去子，放
　　入料理机。

2　加适量凉白开，连同橘肉一起打成汁
　　即可。

快乐成长好营养

橘子可以为宝宝提供丰富的维生素C，
是天然的营养饮料，有开胃促食的作用。

第7章

12月龄适当增加食物硬度,可以尝试断夜奶

轻松添加辅食攻略

可以吃全蛋了

为了减少宝宝过敏的风险，一般在 10~12 月龄添加全蛋。但是，因为 3 岁前的宝宝肠胃功能还没有完全成熟，所以建议每天或者隔一天吃一个全蛋就好，按照蒸蛋、白煮蛋、煎蛋的顺序添加，一旦宝宝出现不适就暂停添加全蛋。

1 个鸡蛋 +50 克左右肉类 +600 毫升奶基本能满足宝宝一天的蛋白质需求量。

可以尝试断夜奶

宝宝 12 月龄的时候可以尝试给他断夜奶，晚间的那餐辅食不要只是稀粥，需要增加固体食物的比例，同时推迟临睡前那顿奶的时间，尽快帮宝宝完全断夜奶。

适当增加食物硬度

牙齿的萌出、颌骨的正常发育、胃肠道功能以及消化酶活性的提高，都需要通过添加固体食物来锻炼，所以此阶段宝宝的辅食中可以适当增加有硬度的食物，而不只是泥糊状食物。

妈妈们遇到的问题及应对

为什么以前不挑食现在开始挑食了?

"以前不挑食现在挑食了",不一定是宝宝真的就挑食。随着宝宝长大,他对新鲜食物和味道充满好奇,可能会出现口味改变,比如之前喜欢的食物突然就不喜欢了,家长不必过于焦虑,也不用过分强调一些食物的功效,同时避免给宝宝贴上"偏食、挑食"的标签。这个时候家长可以给宝宝多尝试不同的食物,同一种食物也要尝试多种健康做法。

手指食物有那么多的好处吗?

手指食物指可以锻炼宝宝的各种能力,通常都是小块或小条的形状,以便宝宝抓握、咬食。手指食物并不局限于手指形状的食物,洋葱圈、水果块等都是手指食物。

手、眼、口的协调能力

宝宝通过手抓食物,可以慢慢地学会根据食物的大小、软硬,来思考怎么抓,如何放进嘴里等。

控制咀嚼和吞咽节奏

妈妈喂食会掌握节奏,宝宝吃自己亲手抓来的食物,需要自己学会有控制地吞咽和咀嚼,否则会被呛到。

促进宝宝尽快自主吃饭

如果宝宝表现出想要抓大人碗里的食物,妈妈就可以为他准备一些手指食物,这样有利于宝宝尽快自主吃辅食。

开始给宝宝的手指食物,大约是宝宝大拇指的大小,可以切成小块或长条,根据宝宝的抓握能力调整手抓食物的形状。手指食物的软硬度以宝宝可以用牙龈磨碎为准,逐渐增加食物的硬度,这样有利于宝宝的口腔发育。

宝宝一周辅食举例

母乳　配方奶

餐次 周次	第1餐 07:00	第2餐 10:00	第3餐 12:00	第4餐 15:00	第5餐 18:00	第6餐 21:00
周一	鲅鱼饺子（P126）	母乳/配方奶	清炖羊汤（P133）	母乳/配方奶 + 水果	芋头南瓜煲（P136）	母乳/配方奶
周二	红枣南瓜发糕（P124）	母乳/配方奶	芝麻青笋饭（P134）	母乳/配方奶 + 水果	小黄鱼豆腐汤（P138）	母乳/配方奶
周三	鲜虾小馄饨（P88）	母乳/配方奶	苦瓜牛肉盖浇饭（P135）	母乳/配方奶 + 水果	蛤蜊蒸蛋（P139）	母乳/配方奶
周四	牡蛎疙瘩汤（P122）	母乳/配方奶	金针菇菠萝什锦饭（P144）	母乳/配方奶 + 水果	小黄鱼豆腐汤（P138）	母乳/配方奶
周五	豇豆肉末面（P123）	母乳/配方奶	芝麻青笋饭（P134）	母乳/配方奶 + 水果	清炖羊汤（P133）	母乳/配方奶
周六	豆芽丸子汤（P120）	母乳/配方奶	苦瓜牛肉盖浇饭（P135）	母乳/配方奶 + 水果	蛤蜊蒸蛋（P139）	母乳/配方奶
周日	空心菜蛋黄粥（P121）	母乳/配方奶	芋头南瓜煲（P136）	母乳/配方奶 + 水果	小黄鱼豆腐汤（P138）	母乳/配方奶

清炖羊汤

健康做法

1 把羊肉浸泡在清水中2小时，中间隔一小时换次水，然后将羊肉清洗干净后切成小块；荷兰豆择去筋络，洗净，切段。

2 锅中倒入足量的清水，把切好的羊肉块放入锅中，中火烧开后撇去浮沫，转小火慢炖1小时，放入荷兰豆炖至荷兰豆熟烂即可。

快乐成长好营养 ☺

羊肉中富含B族维生素、蛋白质以及铁、锌、硒，且容易消化吸收，有助于调节免疫力。羊肉搭配荷兰豆可以补充维生素和膳食纤维。

营养食材

羊肉	300 克
荷兰豆	30 克

枇杷水

营养食材 枇杷 3 个。

健康做法

1 枇杷洗净，去蒂、去皮，对半切开后去核，去掉核与果肉之间的薄膜，再把果肉分切两半。
2 将枇杷果肉放入奶锅中加 3 倍的水，中火煮开后再煮 5 分钟左右，果肉变软即可。

快乐成长好营养 😊

枇杷甜美滋润，有清心润肺的功效。

芝麻莴笋饭

营养食材 莴笋 100 克，米饭半碗，白芝麻适量。

健康做法

1 莴笋去皮，洗净，切小块，焯熟。
2 油锅烧热，放入莴笋块和芝麻炒出香味，加适量清水煮开。
3 将炒香的莴笋芝麻浇在米饭上，拌匀即可。

快乐成长好营养 😊

莴笋中含有莴苣素，能促进消化，增进食欲，还有一定助眠作用。

苦瓜牛肉盖浇饭

营养食材

苦瓜	50克
牛里脊肉	30克
胡萝卜	20克
大米	20克
小米	20克

健康做法

1　大米、小米淘洗干净，煮成二米饭。

2　苦瓜洗净，去皮去瓤，焯软；胡萝卜洗净，去皮，切丁，焯软；牛里脊肉，洗净，切丁。

3　油锅烧热，放入牛里脊肉炒香，再加入苦瓜丁、胡萝卜丁炒至八成熟，加水焖煮至汁收。

4　取适量二米饭，将炒好的菜汁浇在饭上即可。

快乐成长好营养 ☺

苦瓜的苦味有助于促进宝宝味觉的发育，而且苦瓜还能为宝宝健康成长提供膳食纤维、苦瓜苷、磷等。

芋头南瓜煲

营养食材

核桃	1个
芋头	50克
南瓜	50克
葡萄干	10克

健康做法

1 核桃取核桃仁，掰碎；葡萄干洗净，用温水泡软。

2 芋头洗净，去皮；南瓜洗净，去皮去瓤，均切成均匀的块。

3 油锅烧热，放入南瓜块和芋头块，翻炒1分钟，加稍没过食材的清水煮开，然后放入核桃碎用小火继续煮20分钟，盛出后点缀葡萄干即可。

快乐成长好营养 ☺

芋头也是宝宝主食的优良选择，能够提供丰富的碳水化合物，还含钾、膳食纤维，有助于促进宝宝肠道蠕动。

花样创意 ✿

核桃所含的优质脂肪是脑细胞的主要成分之一，有健脑益智作用。取黄豆80克、核桃仁、榛子仁各10克，建议打成豆浆给宝宝喝。

小黄鱼豆腐汤

营养食材

小黄鱼	2 条
豆腐	1 块
葱花	适量
姜片	适量

健康做法

1　小黄鱼去鳞、内脏，洗净；豆腐洗净后过
　　水去豆腥味，切小块。

2　油锅烧热，爆香葱花、姜片，放入小黄花
　　鱼略煎。

3　锅中倒入 3 碗清水，放入豆腐焖煮 15 分钟
　　即可。

快乐成长好营养 ☺

小黄花鱼肉质鲜嫩、味美且刺少，宝宝多吃鱼
有益于智力开发。小黄花鱼和豆腐都是含钙丰
富的食物，这是一道补钙的佳肴。

蛤蜊蒸蛋

营养食材

蛤蜊	5个
鸡蛋	1个
虾仁	2个
香菇	2朵

健康做法

1　先把蛤蜊放在水中浸泡，让其吐净泥沙，再放入沸水中焯烫至张开，取出蛤蜊肉。

2　香菇洗净，焯熟，切碎；虾仁、蛤蜊肉切碎。

3　鸡蛋打散，加入蛤蜊碎、虾仁碎、香菇碎，搅拌均匀，蒙上保鲜膜，用牙签扎几个透气孔。

4　蒸锅中加水，水开后将鸡蛋液入蒸锅，隔水蒸15分钟即可。

快乐成长好营养 ☺

蛤蜊富含蛋白质、多种维生素及矿物质，能促进宝宝身体代谢，调节免疫力。蛤蜊富含锌和钙，能促进宝宝骨骼发育。

洋葱番茄蛋花汤

健康做法

1　洋葱洗净，去老皮，切丁；番茄洗净，切小块；鸡蛋洗净，打散。

2　锅中加适量清水，煮开后放入洋葱丁煮熟，再放入番茄块煮开，淋上鸡蛋液，搅出蛋花即可。

快乐成长好营养 ☺

洋葱可以杀菌，促进食欲，帮助消化，还有助于预防感冒。

营养食材	
洋葱	半个
番茄	1个
鸡蛋	1个

韭菜鸡蛋饼

营养食材　韭菜 20 克，鸡蛋 1 个。

健康做法

1. 韭菜择洗干净，切碎；鸡蛋洗净，打散；将韭菜碎和蛋液拌匀。
2. 平底锅刷适量植物油，倒入韭菜蛋液，煎至两面成型即可。

快乐成长好营养 😊

韭菜含有丰富的膳食纤维，可以促进肠道蠕动，预防宝宝便秘。

桑葚草莓果酱

营养食材　草莓 150 克，桑葚 80 克，柠檬 1 个。

健康做法

1. 将草莓和桑葚清洗干净，去蒂，切粗粒；柠檬洗净，对半切开，挤出柠檬汁。
2. 草莓和桑葚一起放入碗中，倒入柠檬汁，覆上保鲜膜放冰箱冷藏，腌渍一晚。
3. 取出后用放入锅中，加入所有草莓粒、桑葚粒和适量水，用大火煮开，撇去浮沫，换小火熬煮 15 分钟即可。

快乐成长好营养 😊

桑葚可以为宝宝提供维生素、矿物质等多种营养成分，开胃消食，调节免疫力。

干贝厚蛋烧

健康做法

1　番茄洗净，去皮，切碎；干贝洗净，用水泡 30 分钟后隔水蒸 15 分钟，切碎。

2　鸡蛋在碗中打散，放入番茄碎、干贝碎搅拌均匀。

3　油锅烧热，先均匀地倒一层蛋液，凝固后卷起盛出，再倒一层蛋液重复操作。

4　将卷好的蛋卷盛出，切段即可。

快乐成长好营养 ☺

干贝可以为宝宝提供丰富的钙、磷、铁、蛋白质等多种营养。

营养食材	
鸡蛋	1个
番茄	1个
干贝	10克

将采摘的新鲜香椿芽捆好，根部朝下
放水浸泡 24 小时，捞出装进保鲜盒，
放在通风凉爽的地方，这样可以保存
一周。

香椿芽拌豆腐

健康做法

1 嫩香椿芽择洗干净，用开水焯 5 分钟，
捞出沥干，切碎。

2 豆腐用清水冲一下，放入开水锅中煮
2~3 分钟捞出，沥干，切碎。

3 将香椿芽碎和豆腐拌均匀，淋上香油即可。

快乐成长好营养 ☺

香椿含有香椿素，其挥发性气味有助于宝宝开
胃、健脾。

营养食材

嫩香椿芽	100 克
豆腐	30 克
香油	适量

金针菇菠萝什锦饭

营养食材

菠萝	半个
鸡蛋	1 个
豌豆	20 克
玉米粒	20 克
金针菇	30 克
洋葱	半个
胡萝卜	半根
米饭	适量

快乐成长好营养 :)

菠萝有助于健胃消食；
金针菇有促进成长和健
脑的作用，被誉为"益
智菇"。

健康做法

1 菠萝洗净，底部切掉，从三分之一处切开，挖
   出菠萝肉，切小块后用清水泡 30 分钟。

2 鸡蛋打散成蛋液；洋葱剥去老皮，切丁；胡萝
   卜洗净，去皮，切丁；豌豆、玉米粒分别洗
   净，用沸水焯熟；金针菇洗净，切掉根部焯
   熟，再切小段。

3 平底锅中放植物油，把洋葱丁、胡萝卜丁、
   豌豆、玉米粒、金针菇段先放入锅中小火翻
   炒一下，再把米饭倒入一起翻炒至略显金黄，
   再把菠萝肉块和鸡蛋液倒入锅中，大火翻炒
   至鸡蛋凝固，盛到菠萝中。

第8章

13～18 月龄
变化饮食结构,
向成人饮食过渡

轻松添加辅食攻略

接近成人饮食，但要强调碎、软

1 岁以后宝宝的饮食模式逐渐向成人过渡，每天应该摄入包括谷物、肉、蛋、奶、蔬菜、水果等 12 种以上食物。但这个阶段宝宝的消化系统还在完善中，此时不建议辅食比例过大，以免对宝宝的成长产生不利影响，每天仍然需要保证 400~600 毫升奶量。饮食也不能和大人完全一样，在尝试大块食物的同时仍然要强调碎、软，而且避免油炸，味道过重的食物及刺激性的食物。

注重食物创意

这个阶段宝宝的求知欲和探索欲十分旺盛，好动，一般食物可能吸引不了他。此时家长要多花些心思在食物的创意上，通过丰富的食材搭配造型和多变的口味，或者带有故事内容的创意套餐来吸引宝宝的兴趣。

同时，这个阶段更要注重培养宝宝良好的饮食习惯，比如固定吃饭的地方，不要边玩边吃。

少量递进添加盐

12 月龄内宝宝辅食不用额外加盐，但并不是说 12 月龄就是给宝宝辅食加盐的分水岭，其实只要宝宝能够接受无盐食物，不必刻意加盐。如果发现宝宝对食物兴趣降低，可逐渐少量递进添加食盐。特别要注意各种调料、食材中的隐形盐，不要重复添加。

妈妈们遇到的问题及应对

是不是所有营养素都应该好好补一补？

宝宝的成长离不开营养素，但这并不代表妈妈们可以肆意地给宝宝补充营养素。科学合理的营养补充，才能帮助宝宝健康地成长。根据我国营养的调查，以下几种营养素在我国宝宝中不易缺乏；如果补充过量可能适得其反。

维生素 B_{12}

维生素 E

研究表明，在人体肝脏存储的维生素 B_{12} 可以满足 3～6 年的需求。如果维生素 B_{12} 过量，会引起宝宝叶酸的缺乏，导致宝宝出现腹泻，加重肝脏负担，严重的可能出现心悸、心前区疼痛等症。

调查数据显示，我国婴儿维生素 E 摄入量超出"建议摄入量"的 2 倍。维生素 E 过量，血小板聚集，从而发生肺栓塞或血栓静脉炎；还可能导致血压升高，出现头痛、头晕、口角炎等症状；也可能导致宝宝维生素 A 的缺乏。

日推荐摄入量

年龄	用量
0～1 岁	0.5～1.5 微克
1～3 岁	2.0～3.0 微克

日推荐摄入量

100 毫克为宜，不超过 300 毫克。

如何预防维生素 E 过量

不要额外地给宝宝增加维生素 E 的摄入即可。

如何预防维生素 B_{12} 过量

我国宝宝不缺乏维生素 B_{12}，不大量给宝宝补充即可。

磷

目前我国磷的人均摄入量高出"建议摄入量"350 毫克以上，磷的摄入量超标严重，磷过量会引起钙质的流失。

日推荐摄入量

年龄	用量
0 ~ 6 月龄	240 毫克
6 ~ 12 月龄	360 毫克
1 ~ 3 岁	800 毫克

如何预防磷过量

1. 少给宝宝吃禽类食物，它们含的磷较高。

2. 应适量多让宝宝进食蔬菜、水果，尤其是含钙丰富的蔬菜、水果。

3. 均衡饮食。

铜

世界卫生组织的"建议摄入量"为每日 2.0 毫克，而我国人均的铜摄入量为每日 2.4 毫克。铜过量会让中枢神经系统受抑制，表现为嗜睡、反应迟钝；严重的情况可能出现智力低下。铜中毒时，宝宝可发生溶血，同时血红蛋白降低，引起肝豆状核变性等疾病。

日推荐摄入量

年龄	用量
0 ~ 6 月龄	0.5 ~ 0.7 毫克
6 ~ 12 月龄	0.7 ~ 1.0 毫克
1 ~ 3 岁	1.0 ~ 1.5 毫克

如何预防铜过量

不要过量进食富含铜的食物，如坚果类（尤其是腰果、葵花子）、肝脏以及牡蛎等。

宝宝一周辅食举例

母乳　配方奶

餐次 周次	第1餐 07:00	第2餐 10:00	第3餐 12:00	第4餐 15:00	第5餐 18:00	第6餐 21:00
周一	小白菜蛋黄粥（P65）	冬瓜玉米羹（P90）	番茄肉酱意大利面（P153）	+ 水果	哈密瓜水果粥（P118）	
周二	鸡肝萝卜面（P71）	三彩豆腐羹（P66）	彩蔬猪肉丸子（P68）	+ 水果	莴笋鱼丸（P107）	
周三	牛油果三明治（P152）	红薯饼（P67）	蛋包饭（P158）	+ 水果	白萝卜虾蓉饺（P119）	
周四	平菇蔬菜粥（P118）	干贝厚蛋烧（P142）	鸡肝萝卜面（P71）	+ 水果	燕麦猪肝粥（P70）	
周五	清新鸭丝面（P84）	红豆南瓜银耳羹（P125）	什锦烩面（P159）	+ 水果	香橙小煎饼（P111）	
周六	紫菜鸡蛋饼（P110）	橘子汁（P127）	鲜虾小馄饨（P88）	+ 水果	香菇鱼肉泥（P64）	
周日	什锦烩面（P159）	蛤蜊蒸蛋（P139）	宝宝版扁豆焖面（P160）	+ 水果	红枣南瓜发糕（P124）	

牛油果三明治

健康做法

1　牛油果去壳去核，挖出果肉，切成小块。

2　鸡蛋洗净，煮熟，剥壳，切小块。

3　将切好的牛油果和鸡蛋块一起放入料理机
　　中打成泥，做成沙拉酱。

4　沿对角线将两片面包片切成四个三角形，
　　每一片抹上自制沙拉酱，两两相对即可。

快乐成长好营养 😊

牛油果富含不饱和脂肪酸、维生素 E 等，对
眼睛和大脑发育有益。

温馨叮嘱
也可以用动物形状的模具切面包
片，插上可爱的小旗子固定。

营养食材

牛油果	1/2 个
鸡蛋	1 个
切片面包	1 片

番茄肉酱意大利面

健康做法

1 将意大利面用清水浸泡 30 分钟，捞出剪成适合宝宝食用的长度，放入沸水锅中煮至软烂。

2 牛肉洗净，切末；番茄洗净，去皮，切小块；洋葱去老皮，洗净，切碎。

3 平底锅中放入适量植物油，烧热后放入洋葱碎煸香，倒入肉末和番茄块炒熟，倒入水淀粉翻炒至浓稠，盛出，拌入煮好的意大利面中即可。

快乐成长好营养 ☺

意大利面是常见的西餐食材，番茄肉酱也是比较传统的做法。这款辅食可以为宝宝提供丰富碳水化合物、优质蛋白质和多种维生素。

营养食材	
小番茄	5 个
牛肉	40 克
洋葱	20 克
意大利面	40 克
水淀粉	适量

牛肉酿豆腐

温馨叮嘱
如果宝宝对姜的接受度比
较高，建议取少量姜切碎
放到牛肉泥中。

营养食材

牛里脊肉	100 克
日本豆腐	100 克
姜片	适量
盐	少许
淀粉	适量

健康做法

1　把姜片放在小碗中，加少许温水泡 15 分钟。

2　牛里脊肉切小块，洗净，放入料理机中打成泥。

3　取适量泡好的姜水倒入牛肉泥中，用手反复抓匀，再放入盐、淀粉和植物油，用筷子朝一个方向搅拌均匀。

4　将日本豆腐切成长方体，用小勺挖掉 2/3，摆盘。

5　将拌好的牛里脊肉泥用勺挖出圆形填入到豆腐中。

6　取蒸锅加清水，摆好的豆腐盘放入锅中，水开后继续大火蒸 20 分钟即可。

快乐成长好营养 ☺

豆腐和牛里脊肉搭配可起到蛋白质互补的作用，使蛋白质更好地被身体吸收和利用。

花样创意 ✿

这道菜的主角是牛里脊肉，所以用来装牛肉的"器皿"可以换成很多食材，比如胡萝卜、黄瓜、苦瓜，甚至可以用海带、白菜。

茄汁菜花

健康做法

1　菜花洗净，去掉老梗，掰成小朵，用沸水焯烫，断生。

2　番茄洗净，去皮，切块。

3　油锅烧热，放入葱花煸炒出香味，加番茄块不停翻炒至出汤汁，拣出番茄块。

4　倒入焯好的菜花，继续大火翻炒至菜花熟。如果汤汁还是比较多，可以用大火收汁，出锅前加盐调味即可。

快乐成长好营养 ☺

菜花富含维生素 C，有助于调节宝宝免疫力，但是菜花颜色单调，与番茄同炒不仅让口味变得酸甜可口，还增加了色彩的点缀。

营养食材	
菜花	80 克
番茄	1 个
盐	少许
葱花	适量

秋葵炒鸡丁

健康做法

1 秋葵洗净，放入沸水中焯烫1分钟，捞出
   沥干，切小段；红柿子椒洗净，去子，切
   丁；鸡胸肉洗净，切丁。

2 油锅烧热，放入鸡肉丁翻炒至变色，淋上
   生抽继续翻炒至肉熟，放入秋葵段、红柿
   子椒丁炒至断生即可。

快乐成长好营养 :)

秋葵含有果胶、黏多糖等，具有促进消化，保
护胃黏膜的功效，搭配富含优质蛋白质的鸡
肉，营养价值更高。

温馨叮嘱

秋葵炒1~2分钟即可，不宜炒
得时间过长，否则颜色变黄。

营养食材

秋葵	2根
鸡胸肉	50克
红柿子椒	1/2个
生抽	少许

蛋包饭

健康做法

1 所有蔬菜都洗净,洋葱、胡萝卜、柿子椒、培根切丁,胡萝卜丁、豌豆和玉米粒用沸水焯熟。

2 油锅烧热,放入各种蔬菜丁和培根丁炒熟,倒入米饭翻炒均匀,加盐调味。

3 鸡蛋在碗中打散,换平底锅放适量油,倒入蛋液摊成蛋饼关火,放入盘中。

4 将炒好的米饭铺在蛋饼上,包起来,反面铺在盘子上即可。

快乐成长好营养 ☺

肉蛋蔬菜做出的蛋包饭包含了蛋白质、脂肪、碳水化合物、维生素、膳食纤维等多种营养,饭菜一锅出,色香味俱全。

营养食材

鸡蛋	1 个
洋葱	1/4 个
胡萝卜	20 克
豌豆	20 克
玉米粒	20 克
培根	1 片
柿子椒	1/2 个
盐	少许

什锦烩面

健康做法

1. 香菇洗净，切丁；胡萝卜、黄瓜分别洗净，去皮，切丁；虾仁、玉米粒分别洗净。
2. 油锅烧热，放入姜末炒香，放入香菇丁、胡萝卜丁、黄瓜丁、虾仁和玉米粒翻炒至断生，加适量水煮熟。
3. 手擀面放入锅中，加生抽，煮熟即可。

快乐成长好营养 ☺

什锦烩面最大的特色是可以把多种时蔬搭配起来，做到营养均衡。

营养食材	
香菇	适量
虾仁	5 个
胡萝卜	10 克
黄瓜	10 克
玉米粒	10 克
手擀面	50 克
姜末	少许
生抽	少许

宝宝版扁豆焖面

营养食材

细手擀面	30 克
猪里脊肉	50 克
扁豆	100 克
葱末	适量
姜末	适量
酱油	少许

健康做法

1 扁豆择洗干净，切丝；猪里脊肉，洗净，切丝。
2 油锅烧热，放入猪肉丝煸炒至变色，放入葱末、姜末，炒出香味。
3 放入扁豆丝，淋上酱油，不停翻炒至扁豆丝变软，加入与食材平齐的清水，上面铺上细手擀面，盖盖后中火焖熟。
4 将面和扁豆丝、肉丝搅拌均匀，淋上香油即可。

快乐成长好营养 😊

扁豆富含B族维生素，而B族维生素是物质代谢不可缺少的物质。豆类蔬菜中蛋白质和B族维生素的含量高于其他种类的蔬菜。这个年龄段的宝宝吃些切碎质软的豆类，可以补充营养。

花样创意 ✿

扁豆焖面可以做成升级版的扁豆排骨焖面，肉、菜、饭一锅出，是比较偷懒的做法。只需要提前把小排骨段洗净，焯熟，和扁豆一起下锅炒就好了。

温馨叮嘱

在焖面的过程中，需要时不时开盖看下水是否被烧干，看到水少顺着锅边少量添加，不要直接浇在面上。

第9章

19~24 月龄
食材更丰富,
可以加点零食和点心

轻松添加辅食攻略

开始尝试断母乳

在断夜奶的基础上，逐渐减少白天母乳喂养量和喂养次数，循序渐进，到 24 月龄完全断母乳，并且适当添加其他乳制品。需要提醒，宝宝不接受突然断奶就在乳头上抹黄连水等极端的方式，是缺少科学依据的老方法，不利于宝宝身心健康。

代乳品的选择

宝宝断奶期间添加代乳品，如牛奶、酸奶、奶酪，不仅补充营养，也是一种断奶后的心理补偿。如果宝宝喝牛奶腹泻，可能是乳糖不耐受，建议选择酸奶；如果对牛奶和酸奶都过敏，需要选择深度水解配方奶暂时替代。

牛奶的选择

条件便利的话首选大品牌的订购鲜奶，每天送，能保证新鲜，但是要注意当天送的当天喝，隔夜的就不要给宝宝喝了。如果是选购超市的包装奶，建议选巴氏杀菌纯牛奶，营养保存较好，但是要注意生产日期和保质期。

酸奶的选择

从原料和添加物分来看酸奶主要分为纯酸奶、调味酸奶和果料酸奶三种。只用牛奶作为原料发酵而成的是纯酸奶，建议父母给宝宝选择原味纯酸奶更佳。购买前，要仔细查看产品上的配料表和产品成分表，便于区分是酸奶还是乳饮料。根据国家标准，酸奶的配料表中，蛋白质含量标示一般在2.3%~2.9%；乳饮料的配料表中，一般都会出现"水"和"山梨酸"，蛋白质含量一般在0.7%~1.0%。

奶酪的选择

超市里奶酪分为天然奶酪和再制奶酪，当然给宝宝选择天然奶酪为宜。因为天然奶酪是由鲜奶经过简单加工而来，再制奶酪则是以天然奶酪为原料经过再加工而成，含有较多添加剂。

妈妈们遇到的问题及应对

怎么才能知道宝宝一天摄入的钙是否充足?

《中国居民膳食指南》指出 1~4 岁宝宝每日钙摄入量为 600~800 毫克。举例来说:一个 18 月龄的宝宝,一天需要 600 毫克的钙,其一天的钙来源主要包括配方奶 600 毫升(约含 300 毫克钙)、基围虾 100 克(约含 83 毫克钙)、豆腐 30 克(约含 49 毫克钙)、小黄鱼 30 克(约含 23 毫克钙)、小油菜 100 克(约含 153 毫克钙)。

通过粗略计算,宝宝摄入的总钙量为 600 毫克左右。然而,补钙要从钙的摄入量、吸收率和沉积率三方面来衡量。在宝宝消化吸收功能正常的前提下,一天晒 30 分钟的太阳,钙的吸收率会大大提高。

是否需要给宝宝吃膳食纤维补充剂?

如果宝宝没有出现严重便秘等情况,仅从食物中就可以补充足够的膳食纤维,不需要额外添加膳食纤维补充剂。膳食纤维主要来源于植物性食物。红豆、绿豆、黑豆、芸豆、豌豆等豆类,柑橘、苹果、鲜枣、猕猴桃、葡萄等水果,圆白菜、牛蒡、胡萝卜、菠菜、芹菜等蔬菜中都富含膳食纤维。

宝宝一周辅食举例

餐次周次	第1餐 07:00	第2餐 10:00	第3餐 12:00	第4餐 15:00	第5餐 18:00	第6餐 21:00
周一	奶黄包 （P170）	牛油果三明治 （P152）	鸡丝芦笋蝴蝶面 （P172）	🍼/🍼 +水果	燕麦猪肝粥 （P70）	🍼/🍼
周二	虾仁乌冬面 （P168）	奶酪焗红薯 （P167）	玉米莲藕汤 （P173）	🍼/🍼 +水果	生菜鸡肉粥 （P81）	🍼/🍼
周三	鲅鱼饺子 （P126）	酸奶沙拉 （P174）	卡通饭团 （P176）	🍼/🍼 +水果	苋菜面 （P82）	🍼/🍼
周四	什锦烩面 （P159）	奶酪蔬菜泥 （P175）	牛肉酿豆腐 （P154）	🍼/🍼 +水果	冬瓜玉米羹 （P90）	🍼/🍼
周五	牡蛎疙瘩汤 （P122）	红薯饼 （P67）	龙利鱼软面 （P79）	🍼/🍼 +水果	丝瓜鱼泥小米粥 （P86）	🍼/🍼
周六	红豆黑米粥 （P101）	香桃果泥 （P106）	鲜虾小馄饨 （P88）	🍼/🍼 +水果	肉末蒸笋 （P127）	🍼/🍼
周日	菠菜猪血面 （P102）	红豆南瓜银耳羹 （P125）	芝麻莴笋饭 （P134）	🍼/🍼 +水果	芋头南瓜煲 （P136）	🍼/🍼

奶酪焗红薯

健康做法

1 红薯洗净，去皮，切成均匀的块，码入烤盘中。

2 奶酪切成细条，交织状覆盖在红薯块上。

3 烤箱预热，将红薯块放入180℃烤制20~30分钟至烤熟即可。

快乐成长好营养 😊

奶酪富含钙，且容易吸收，能促进骨骼发育。

温馨叮嘱

奶香和甜糯的口感，一定会让宝宝"爱不释口"。但是要注意，焗红薯内部比较烫，取出凉一下再吃。最好戳开红薯块试试温度再给宝宝食用。

营养食材

红薯	100 克
奶酪片	适量

虾仁乌冬面

健康做法

1 虾仁洗净，挑去虾线；番茄洗净，去皮，切小块。

2 油锅烧热，放入番茄块炒出汤汁。

3 加适量水，烧开后放入虾仁、冬瓜球，再次烧开后放入乌冬面，煮至面熟，加盐调味即可。

快乐成长好营养 ☺

虾是一种非常方便烹饪的海产品，而且是锌、碘和硒的重要来源。

营养食材

乌冬面	30 克
虾仁	3 个
番茄	1 个
冬瓜球	3 个
盐	少许

上汤娃娃菜

健康做法

1 草菇洗净，切小块；枸杞子洗净；娃娃菜
   去掉老帮，对半切开，一片片洗净。

2 油锅烧热，放葱花和姜丝煸出香味，加清
   水煮开，下娃娃菜和草菇块煮 10 分钟，加
   盐调味，装盘后点缀枸杞子即可。

快乐成长好营养 ☺

娃娃菜味道甘甜，可以为宝宝提供丰富的维生
素 C、硒、钾等营养素。

营养食材

娃娃菜	100 克
草菇	2 朵
葱花	适量
姜丝	适量
枸杞子	适量
盐	少许

奶黄包

温馨叮嘱
吉士粉为了增加奶黄馅的鲜
艳度和香味，也可以不添加。

营养食材

鸡蛋	2 个
黄油	40 克
吉士粉	10 克
白糖	适量
配方奶	25 克
澄粉	10 克
中筋面粉	250 克
干酵母	3 克

快乐成长好营养 ☺

黄油营养丰富，但含脂量很高，所以不要食用过多。

花样创意 ✿

紫薯蒸熟，和面一起和成面团，可以做出"紫色"奶黄包。

健康做法

1 黄油软化，用打蛋器低速搅打至顺滑，加入白糖打至发白，分2~3次加入打散的鸡蛋，搅打均匀。

2 吉士粉、配方奶、澄粉混合过筛，放入盆中加水拌成面糊。

3 面糊上蒸锅蒸30分钟，每隔10分钟取出一次，用打蛋器搅散后再上锅蒸，蒸好后趁热搅散，用橡皮刮刀翻压至光滑平整，即为奶黄馅。包上保鲜膜，放冰箱冷藏1小时。

4 将中筋面粉和干酵母混合，加水揉成光滑的面团，包上保鲜膜发酵至2倍大。

5 将面团搓长条状，切出小剂子，擀成圆形面皮，包上奶黄馅，做成奶黄包生坯。

6 将奶黄包放入蒸屉，盖上锅盖，大火蒸15分钟左右即可。

鸡丝芦笋蝴蝶面

健康做法

1　芦笋洗净，切段；鸡肉洗净，切丝，用蛋清、盐腌30分钟。

2　油锅烧热，放入芦笋段、鸡丝炒出香味，加适量清水烧开，放入蝴蝶面煮熟，出锅时滴几滴香油即可。

快乐成长好营养 ☺

这款面可以为宝宝提供丰富的碳水化合物、蛋白质、维生素和膳食纤维。

温馨叮嘱
鸡丝中加入蛋清，会让鸡肉变得更嫩滑。

营养食材	
蝴蝶面	30 克
芦笋	40 克
鸡肉	40 克
鸡蛋清	1 个
香油	适量
盐	适量

玉米莲藕汤

健康做法

1 玉米去掉外层叶子和玉米须，洗净后切段；
   莲藕去皮，洗净后切段。

2 将玉米段、莲藕段和葱段一起放入锅中，
   加没过食材的水，煮沸后小火煮1小时，
   加盐、香油调味即可。

快乐成长好营养 ☺

这道汤可以帮助宝宝健脾开胃，预防便秘。

营养食材

营养食材	
玉米	1根
莲藕	200克
葱段	适量
盐	适量
香油	适量

温馨叮嘱
藕孔中容易藏泥沙，记得用流
动的清水冲洗藕孔。

酸奶沙拉

健康做法

1 将柚子肉切块；用挖球器从火龙果上挖球；香蕉去皮，切片。
2. 所有食材一起放入碗中，淋上酸奶即可。

快乐成长好营养 ☺

酸奶中的乳酸菌属于益生菌，吃点酸奶对于肠道菌群的平衡有帮助。

温馨叮嘱
建议给宝宝选原味纯酸奶，一些
水果味的酸奶含糖较多。

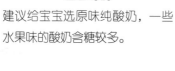

奶酪蔬菜泥

健康做法

1 西蓝花取花冠部分，洗净，切碎；西葫芦去皮，擦丝，与西蓝花碎一起放入碗中蒸熟；虾仁洗净，切碎，加姜汁腌10分钟；奶酪切碎。

2 平底锅中放适量油，烧热后放入腌好的虾仁炒变色，倒入奶酪碎炒化，倒入蒸熟的西蓝花碎和西葫芦丝炒匀即可。

快乐成长好营养 ☺

有的宝宝不喜欢吃西蓝花和西葫芦，用滋味浓郁的奶酪与蔬菜混合，可促进宝宝食欲。

营养食材	
西葫芦	30克
西蓝花	30克
虾仁	40克
奶酪	20克
姜汁	少许

卡通饭团

营养食材

玉米粒	30 克
豌豆	30 克
胡萝卜	30 克
青柿子椒	20 克
红柿子椒	20 克
木耳	3 朵
鸡胸肉	40 克
米饭	50 克
生抽	少许
淀粉	少许

健康做法

1 玉米粒、豌豆洗净，煮熟；胡萝卜洗净，去皮，切丁，煮熟；青柿子椒、红柿子椒洗净，去子，切丁；木耳去掉硬梗，泡发，洗净，撕碎。

2 鸡胸肉洗净，切丁，拌入淀粉，静置 10 分钟。

3 油锅烧热，倒入鸡丁翻炒变色，倒入木耳碎炒熟，再放入玉米粒、豌豆、胡萝卜丁、青柿子椒丁、红柿子椒丁，淋上生抽，翻炒均匀。

4 加适量清水，烧开后倒入米饭翻炒均匀，略收汤汁即可，然后利用各种模具做出卡通造型。

快乐成长好营养 😊

各种时蔬搭配，增加了单纯米饭的营养价值。而且颜色鲜艳，还能提高宝宝食欲。

花样创意 🌼

除了单纯利用模具造型，还可以多种模具造型组合成场景，给宝宝编一个故事，或者一种模具用多种食材组合不同的部分。

温馨叮嘱

泡发的木耳可以加点淀粉抓洗，再用流动的清水冲洗干净，帮助除去木耳中的杂质。

第10章

25~36 月龄
变成小大人儿，
可以全家吃饭了

轻松添加辅食攻略

可以和大人吃相似的食物

　　3 岁的宝宝可以跟大人吃相似的食物，就是说可以跟大人一样吃米饭，而不必再吃软饭，但是要避开质韧的食物。一般食物也要切成适当大小，并煮熟，但不要切得太碎，否则宝宝会不经过咀嚼直接吞咽。宝宝满 3 岁后，咀嚼能力提高，可以食用稍微硬点的食物。有过敏症状的宝宝，还要特别注意食用容易引起过敏的食物时可能引来"麻烦"。

大人饭菜、宝宝辅食一锅出的要点

　　给宝宝制作辅食是个费力费心的活，如果学会在做大人饭菜时能"一拖二"地完成宝宝餐，也是一个非常好的选择。大人饭菜和宝宝辅食一锅出的基础是做好准备之后的最后调味环节。要想"一锅出"，在做饭时先不要按常法加调味品，应该在菜基本熟透、出锅前适当调味。应将出锅前未调味的菜肴盛出给宝宝准备的量，稍稍调味拌匀，而大人的菜再正常调味即可。切记不能让宝宝吃不合口味或口味太重的辅食。

爱动流汗的宝宝注意补钾

　　宝宝会走会跑后，因为调皮好动，经常大汗淋漓，很多父母都非常注意给宝宝补充水分，却没意识到要及时补充一些矿物质，尤其是钾。细胞和器官的正常工作离不开钾，在宝宝运动时能给心脏和肌肉提供足够的动力。2~4 岁宝宝每日膳食中钾的建议量为 900~1200 毫克。

富含钾的食物

食物	钾含量	食物	钾含量
芸豆（红）	1215	菠菜	311
红豆	860	荠菜	280
豌豆	823	香蕉、苦瓜	256
绿豆	787	藕、空心菜	243
豇豆	737	鲜玉米	238
毛豆	478	杏	226
扁豆	439	油菜	210
土豆	342	西芹	154

注：每 100 克可食部含量，单位：毫克。

妈妈们遇到的问题及应对

做饭的时候宝宝总想参与要阻止吗？

宝宝的动手欲越来越强烈，撕纸、抠挖小东西、到处画画，在大人准备饭菜的时候宝宝总想"帮忙"，都很常见。不要觉得他在捣乱，给他安排一些力所能及的活儿参与进来，有助于锻炼宝宝的手脑协调能力，而且宝宝自己动手做食物更有助于促进宝宝食欲，也会让他体会食物的来之不易，懂得珍惜食物。

可以从简单的择菜、洗菜开始，逐渐让宝宝参与做面食，比如包饺子帮着揉小剂子、擀皮，还可以跟宝宝做亲子烘焙。

宝宝运动后出现心跳减弱怎么办？

宝宝在天热大量出汗或运动出汗后感到全身无力、疲乏、心跳减弱，这是因为身体排出大量汗水，同时体内的钾、钠（尤其是钾）等矿物质也会随汗液排出体外，造成低钾血症。此时可以给宝宝喝一碗绿豆汤。在宝宝大量运动后，最简单的方法是给宝宝吃一根香蕉。

宝宝外出游玩，别忘了带上一两根香蕉。多项研究发现，宝宝肌肉疲乏无力，导致犯困，可能与缺钾有关。

宝宝一周辅食举例

🍼 牛奶

餐次 周次	第1餐 07:00	第2餐 10:00	第3餐 12:00	第4餐 15:00	第5餐 18:00	第6餐 15:00
周一	萝卜蒸糕 （P191）	水果 酸奶	白萝卜虾蓉饺（P119）	水果	什锦烩饭 （P117）	牛奶
周二	丝瓜鱼泥 小米粥 （P86）	水果 酸奶	苦瓜牛肉 盖浇饭 （P135）	水果	菠菜猪血面 （P102）	牛奶
周三	龙利鱼软面 （P79）	水果 酸奶	番茄 巴沙鱼 （P108）	水果	红薯饼 （P67）	牛奶
周四	牛油果三明治 （P152）	水果 酸奶	金针菇 菠萝什锦饭 （P144）	水果	肉末圆白菜 （P184）	牛奶
周五	虾仁乌冬面 （P168）	水果 酸奶	莴笋鱼丸 （P107）	水果	鸡丝芦笋 蝴蝶面 （P172）	牛奶
周六	彩蔬 猪肉丸子 （P68）	水果 酸奶	蛋包饭 （P158）	水果	猪肝 圆白菜卷 （P186）	牛奶
周日	韭菜鸡蛋饼 （P141）	水果 酸奶	猪肝 圆白菜卷 （P186）	水果	玉米莲藕汤 （P173）	牛奶

油菜丸子汤

健康做法

1 鸡蛋磕开，分离蛋黄和蛋清；猪里脊肉洗净，切块，放入料理机中，倒入蛋清一起打成肉泥，加姜末、淀粉、植物油朝一个方向搅拌均匀。

2 油菜择洗干净，切段，锅中加适量清水，烧开后放入油菜段。

3 水再开后，用勺子挖取肉丸放入锅中，煮至肉丸熟即可。

快乐成长好营养 ☺

单纯的肉丸子汤会过于油腻，添加蔬菜不仅让营养更均衡，还能让汤变得清爽。

营养食材

猪里脊肉	200 克
油菜	2~3 棵
鸡蛋	1 个
姜末	适量
盐	少许
淀粉	适量

肉末圆白菜

营养食材　猪瘦肉 50 克，圆白菜 300 克，葱花、姜末、生抽各适量，盐少许。

健康做法

1　猪瘦肉洗净，切碎，加生抽腌 15 分钟；圆白菜洗净，撕小碎片。

2　油锅烧热，放入葱花、姜末炒出香味，下猪肉碎炒至变色，放入圆白菜碎片炒软，加盐调味即可。

快乐成长好营养 😊

肉菜搭配的辅食能很好地帮助不爱吃蔬菜的宝宝做到均衡营养。

坚果蒸笋

营养食材　莴笋 1 根，核桃仁 100 克，鸡汤 300 克，盐、香油各少许。

健康做法

1　莴笋去皮，洗净，切长段；核桃仁碾碎，炒熟。

2　鸡汤烧开后放入莴笋段煮熟，捞出，沥干，撒盐。

3　将莴笋段挖空 2/3，摆盘，空心中填入核桃碎，淋上香油即可。

快乐成长好营养 😊

常给宝宝吃坚果有助于补脑益智，保护视力，维护心脏健康。

山楂藕饼

健康做法

1　山楂洗净，去蒂去核，对切两半；莲藕去皮，洗净，切薄片。

2　锅中放少量水，倒入山楂、冰糖，大火煮开后转小火熬煮成黏稠的山楂酱。

3　另取锅加适量水煮沸后，放入藕片焯熟，捞出沥干，摆盘，淋上熬好的山楂酱即可。

快乐成长好营养 ☺

酸甜的山楂搭配清香爽口的藕片，会让宝宝胃口大开。

温馨叮嘱
山楂酱可以适当多做一些，吃不完放入密封罐冷藏，搭配面包片、馒头片很好吃。

营养食材	
山楂	500 克
莲藕	200 克
冰糖	100 克

猪肝圆白菜卷

温馨叮嘱
用大白菜叶子包裹也可以，蒸熟
后有淡淡的甜味。

营养食材

猪肝	50 克
豆腐	40 克
胡萝卜	半根
圆白菜叶	2 片
盐	少许
淀粉	适量

健康做法

1 猪肝剔去筋膜、切成片，用清水浸泡 30 ~ 60 分钟后蒸熟；豆腐洗净，和猪肝一起放入料理机打成泥；胡萝卜洗净，去皮，切碎；圆白菜叶用开水烫软。

2 将猪肝豆腐泥和胡萝卜碎一起放入碗中，加盐调匀制成馅料。

3 圆白菜叶平铺，中间放入馅，卷起包住，用淀粉封口。

4 猪肝圆白菜卷放入蒸锅中加适量水，蒸熟即可。

快乐成长好营养 ☺

这道菜可补铁，调节抵抗力，助消化。

花样创意 ✿

包裹的馅料也可以换成猪瘦肉、牛瘦肉，喜欢吃虾的宝宝还可以加入虾仁碎，让营养和口感都变得丰富。

香蕉溶豆

温馨叮嘱
如果用的是三段配方奶，可以不
加糖或者减半，因为三段配方奶
已经含糖。

188

营养食材

酸奶	60 克
玉米淀粉	25 克
配方奶	50 克
鸡蛋	2 个
香蕉	1 根
白糖	少许
柠檬汁	少许

健康做法

1　香蕉取肉，和酸奶一起放入料理机中打成泥，然后筛入玉米淀粉和配方奶，搅拌均匀。

2　鸡蛋取蛋清，用打蛋器打出气泡，分 2~3 次加入白糖，滴几滴柠檬汁，继续打至呈干性打发状态。

3　将打发好的蛋清分 2 次加入混合液中，搅拌均匀制成溶豆原液，装进裱花器中。

4　烤箱预热，烤盘铺上油纸，在烤盘上挤出一个个小豆子，烤盘放入烤箱，100℃烤 8 分钟。

快乐成长好营养 ☺

用水果、酸奶、配方奶、鸡蛋做出的溶豆，既健康又美味，是宝宝不错的手指食物和常备小零食。

花样创意 ✿

香蕉换成草莓、红心火龙果可以做出彩色溶豆。

葱油鹌鹑蛋

健康做法

1 青柿子椒、红柿子椒洗净，去子，切丁；香葱、蒜洗净，切末。

2 平底锅刷一层油，加热后倒入香葱末炒出香味后将葱末挑出不用，将鹌鹑蛋逐一打入锅中，小火煎至两面金黄，盛出。

3 倒入青柿子椒丁、红柿子椒丁和蒜末炒香，再放入煎好的鹌鹑蛋，翻炒均匀，淋上生抽，再次翻炒均匀即可。

快乐成长好营养 ☺

小小鹌鹑蛋蕴藏大营养，可以为宝宝提供丰富的蛋白质，有助于宝宝成长。

营养食材

鹌鹑蛋	7 个
青柿子椒	1/4 个
红柿子椒	1/4 个
蒜	2 瓣
香葱	2 根
生抽	适量

萝卜蒸糕

健康做法

1 白萝卜、胡萝卜洗净，去皮，切丝，一起放入碗中，加少许盐腌5分钟，挤干水分；大米粉加水调成浓稠的米糊。

2 油锅烧热后倒入胡萝卜丝、白萝卜丝翻炒1分钟，倒入大米糊搅拌均匀。

3 取蒸碗，内刷一层油，倒入米糊，盖上保鲜膜入蒸锅，水开后蒸30分钟。

4 取出凉凉，切块即可。

快乐成长好营养 ☺

米糕中加入胡萝卜和白萝卜，可以让食物的营养更加丰富，口味和颜色更有特色。

营养食材	
大米粉	50克
胡萝卜	50克
白萝卜	100克
盐	少许

玛格丽特饼干

温馨叮嘱
冷藏面团是为了让面团硬点，可以按出裂痕，如果面团不是很软，可以不用冷藏。

营养食材

低筋面粉	100 克
玉米淀粉	100 克
黄油	100 克
熟蛋黄	2 个
盐	1 克
糖粉	适量

健康做法

1 黄油软化后加入糖粉和盐，用打蛋器打发，打到体积稍微膨大，颜色稍变浅，呈蓬松状。

2 把熟蛋黄放在筛网上，用手指按压过筛成为蛋黄细末，加入打发的黄油中拌匀。

3 将低筋面粉和玉米淀粉混合过筛加入步骤 2 中，然后揉成略微偏干的面团，用保鲜膜包好，放进冰箱冷藏 1 小时。

4 取出冷藏好的面团，揉成小圆球，放在烤盘上，用大拇指按扁出现自然的裂纹。

5 预热烤箱至 170℃，放入烤盘烤 3 分钟。

快乐成长好营养 ☺

黄油特有的香味，使做出的食物味道诱人。虽然自制的饼干添加剂少，相对而言比较健康。但这款甜点的热量比较高，要适量食用。

花样创意 ✿

可以在饼干上加点核桃、杏仁、葡萄干、蓝莓等。